家居装修
HOME DECORATION 经典户型设计与施工图集

中小户型

理想·宅 编

海峡出版发行集团 | 福建科学技术出版社
THE STRAITS PUBLISHING & DISTRIBUTING GROUP | FUJIAN SCIENCE & TECHNOLOGY PUBLISHING HOUSE

图书在版编目（CIP）数据

家居装修经典户型设计与施工图集.中小户型 / 理
想·宅编.—福州：福建科学技术出版社，2014.11
ISBN 978-7-5335-4658-8

Ⅰ.①家… Ⅱ.①理… Ⅲ.①住宅 – 室内装修 – 建筑
设计 – 图集②住宅 – 室内装修 – 工程施工 – 图集 Ⅳ.
①TU767-64

中国版本图书馆CIP数据核字（2014）第243083号

书　　名　家居装修经典户型设计与施工图集·中小户型
编　　者　理想·宅
出版发行　海峡出版发行集团
　　　　　福建科学技术出版社
社　　址　福州市东水路76号（邮编350001）
网　　址　www.fjstp.com
经　　销　福建新华发行（集团）有限责任公司
印　　刷　福州德安彩色印刷有限公司
开　　本　787毫米×1092毫米　1/16
印　　张　11
插　　页　12
图　　文　176码
版　　次　2014年11月第1版
印　　次　2014年11月第1次印刷
书　　号　ISBN 978-7-5335-4658-8
定　　价　45.00元

前 言

　　本书精选二十余套最新一线家装设计师的经典设计作品，每套都配有完整的 CAD 设计图纸，这些案例详细展现了家装设计中，不同层次、空间布局、重点部位施工的各种要素，尤其是通过可编辑的整体和局部设计图样，让读者可以非常清晰地了解如何通过 CAD 图纸表达设计构思。书中所有案例都配有对应的设计图或者实际完工照片，便于对应参考，随书还附有完整的可编辑电子文档供读者调用，从而提供更为直观的参考和应用。

　　现代家装设计除了注重艺术美观之外，对于工程技术质量的要求也越来越高，为了获得更好的施工质量，以及在实施过程中能更好地将设计想法融入实际操作中，CAD 设计图在家庭装修过程中也受到了越来越多人的关注，同时很多业主在设计之初就有相关的需求，从而让 CAD 图纸设计成为了设计师的一项必备技能。一个优秀的家装设计案例是各种因素综合作用的结果，室内的层次设计、空间布局、重点部位的施工详解等，尤其是一些想要重点突出的空间局部，其设计与施工之间的转化就是通过 CAD 图详细地表达出来，从而获得最佳的设计方案。

　　本书针对广大室内设计师及业主的实际需求编写而成，对于书中的案例适用于什么场合，请读者仔细领会和推敲，切勿生搬硬套。

　　参与本书编写的有：邓毅丰、杨柳、郭宇、张蕾、卫白鸽、刘团团、邓丽娜、李小丽、王军、于兆山、蔡志宏、刘彦萍、张志贵、刘杰、李四磊、孙银青、肖冠军、梁越、黄肖、安平、张娟、李峰。

目录
contents

舒适小家

建筑面积： 50m²
户型： 一室一厅
设计师： 崔杰吉
设计说明： 小空间装修最需要注重的就是实用性，在此基础上再追求形式的美观，因此造型设计尽量不要多，而且最好能与使用功能结合在一起。在本案的设计中，布局和造型没有一丝累赘感，大量的造型都是结合了使用功能，如电视背景墙与简约的吧台组合在一起，也成为了开放式厨房与客厅的分隔，不仅很好地起到了空间布局的作用，同时半通透的设计形式，也最大限度地保持了空间感；组合式的家具与墙面装饰丰富多变，活化了空间气氛。

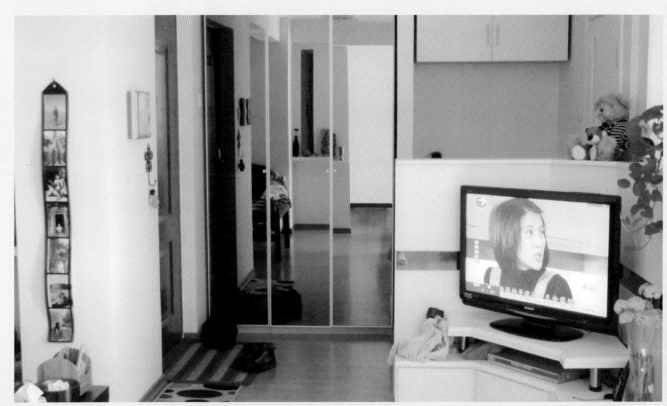

水岸风铃

建筑面积: 60m²

户型: 两室一厅

设计师: 吴印超

设计说明: 整个客厅面积不过 20 平方米，没有重复啰嗦的造型 仅以简单的错层角线使其简洁 明亮、宽敞，给视觉一个延伸的效果，餐厅用简洁的线条做了造型 使其达到了画龙点睛的效果，沙发背景的屏风加上弧线及方块格子造型，大大增强了视觉的舒适感和冲击力，不仅美观大方，还增加了实用效果。

清新田园

建筑面积: 70m²

户型: 两室一厅

设计师: 吴锐

设计说明: 现代社会中，生活的节奏越来越快，要是能在家居中有一个温暖浪漫的甜美世界，将会是调剂生活压力的最好方式。本案以现代的设计素材与手法，利用通透的空间设计，温暖的原木材质以及细腻的实木家具，浪漫的布艺、线帘装饰，搭配柔和、明快的色调，营造悠闲、自然的空间氛围，让现代家居空间尽显清新的田园风情。

温暖精致

建筑面积: 80m^2

户型: 三室两厅

设计师: 邵春丽

设计说明: 本案为三室两厅一厨两卫的经典户型,南北通透光线充足,户型布局比较合理。但是稍微有点不足之处,就是向南的房间除了客厅和主卧室比较合理之外,另外一个向南的房间过于狭长不适合作为卧室,因此将此房间改为书房及衣帽间。整体的调子以暖色为主,体现出简洁实用精致的主题。

光影空间

建筑面积： 90m²

户型： 三室一厅

设计师： 孙孝雨

设计说明： 本套住宅设计以淡雅的米色为主体，黑色、灰色作点缀。

电视背景墙面较狭长，采用黑镜前面挂满金属珠链与灰色木纹石做分割，几乎没有造型的同时就形成了空间划分，即客厅电视背景与玄关的区分。沙发背景墙面积较小，同时外面为一片优美的淡蓝色海景，为引景到眼前，沙发背后以大面积银色镜面作背景，同时丰富了客厅的空间，又引景入室，使得沙发背景无时无刻地呈现出海的气息。原始建筑书房空间面积较小，采用大面积推拉门来扩大书房空间感。公共卫生间色调以与客厅基本相近的灰色黑色作主体，而主人房卫生间以米色跟主人卧室统一了色调，空间十分完美协调。

^{案例}6 致青春

建筑面积： 90m²
户型： 三室一厅
设计师： 邵春丽

设计说明： 本案定位为轻松自然的简约风格，因此决定用简单的线条及色调装饰每个空间，并确保各空间的功能性完整充分。整个空间没有过多的装饰元素，只为表达一种简单的生活态度和一份对生活并不简单的热爱。在设计过程中，结合结构的分割、区域的划分、色彩的搭配、光照的勾勒，大量运用点、线、面的组成要素，使空间造型和谐统一而且轻松、自然，将空间表现形式重新归于使用功能。

甜蜜地中海

建筑面积： 95m²

户型： 三室一厅

设计师： 吴锐

设计说明： 本案业主很喜欢地中海或者夹带着些许田园风情的环境，希望新家有一种轻松的感觉。因此，在本案的装修设计过程中，并没有刻意去营造某种风格，而是通过色彩、造型与材料的搭配，以业主所喜爱的两种风格元素作为基调，营造出丰满而轻松的家居氛围。空间中大量的原木装饰、蓝色点缀以及柔美的拱形搭配在一起，每个部分都很有质感却很和谐，空间因此变得轻松明快起来。

浪漫小调

建筑面积： 95m²

户型： 两室一厅

设计师： 陈建华

设计说明： 整个房间的设计亮点体现在"浪漫"上，以浪漫为主体，将欧式风格元素和韩式风格元素结合起来，两者巧妙地搭配，让原本沉重厚实的欧式风，在保留原有元素的基础上，显得轻快浪漫。从入户到客厅首先映入眼帘的是吊顶装饰，将圆顶与水晶吊坠搭配作装饰，新颖而独特。客厅与餐厅搭配典型的子母灯，不仅增加了客厅与餐厅的色彩，还增加了空间的统一性。餐厅背景是餐厅最大的特色，独特优雅的木雕造型搭配银镜，造型简单大方，却成为了餐厅最好的装饰。整个空间并没有太过繁复的设计，却因为客厅吊顶与餐厅背景的独特，让整个空间看起来具有很强的设计感。

寻找时间的人

建筑面积： 95m²
户型： 两室一厅
设计师： 项帅
设计说明： 游走在这个宅居空间时，不禁惊喜地发现，在现代简约的形体中，流露出具有中国韵味的设计手法，设计师整合了玻璃、镜面、大理石、金属材质元素，糅合了现代感强烈的饰品、家具，成就了一幅幅极具现代视觉张力的生活写照，完整地诠释了中国设计师对现代简约的理解。

冷艳世界

建筑面积： 100m²
户型： 三室一厅
设计师： 由伟壮
设计说明： 当我们已经习惯了红色带给我们热烈、喜庆的感官体验时，本套作品却正在悄悄改变着人的传统认知，在精简主义的设计理念下，红色成为空间中跳动的精灵，同时它有个特性——冷静，有限的宣泄，于冷艳暗藏着激情，在含蓄中孕育着冲动。

六月未央

建筑面积： 100m²

户型： 两室两厅

设计师： 王飞

设计说明： 在崇尚自然、讲求人性回归的浪潮中，简约之风成为设计主流，而源于简约的雅致更能释放出一种自在自为、变化万千、典雅高贵的神韵。素雅的色调是简约风格最恰当的伴侣，设计师将黑、米黄、绿色容纳在白色之中，协调却不失各自的特色。

简约中式

建筑面积： 105m²

户型： 两室两厅

设计师： 潘巨波

设计说明： 本案的业主为一对小夫妻独自居住，近几年也没有要小孩的计划，因此在设计中，为了避免浪费，同时也满足他们的日常生活需求，特意将两个卧室连接在一起，设置一个单独的衣帽间，打造成一个功能齐全的"大卧室"。餐厅也是采用了较为休闲的设计，简简单单，既可以作为平时用餐区，也可以作为休闲、聊天的场所。根据业主的个人喜好，融入了大量的中式元素，打造出一个舒适而不沉闷的简约中式家居。

轻怡暖调

建筑面积： 105m²

户型： 三室两厅

设计师： 陈扬建

设计说明： 本案为三室两厅的户型结构，在设计中，采用大面积的暖色调壁纸铺饰沙发背景墙，与浅色调的电视背景墙在客厅形成视觉对比效果，丰富家居的空间层次感。入口处设置一个简单的吧台，既能起到过渡的作用，也为家居生活增加了一份现代情趣。卧室采用了外推的大阳台设计，足不出户也能享受到户外的美景，打造室内休闲的好去处。

现代都市

建筑面积： 107m²

户型： 三室两厅

设计师： 王磊成

设计说明： 本案采用简洁的装饰线条、自然的原木饰面板搭配，没有丝毫多余的凌乱设计，有的只是将所有使用功能最大化，把现代简约的家居设计表现得淋漓尽致，疏朗而明亮。家居空间整体选用白色与木色的搭配，配以红色进行点缀，展现出家的活力。局部钢化玻璃的分隔无形中增强了空间视觉感，也大大减弱了过道的狭窄感。

素锦年华

建筑面积: 110m²

户型: 三室一厅

设计师: 毕庆阳

设计说明: 整个空间设计简洁大方，没有过多复杂的装饰，却营造出最具现代化的氛围。餐厅与书房用雕花作为区分，不仅起到了划分空间的作用，也巧妙地解决了餐厅的透光问题，墙壁两边以装饰线条作为搭配，两种不同形式的线条在最大限度上拉大了空间，使餐厅空间在视觉上有了放大的冲击力。客厅以同样的形式放大空间，并配合简单的几何造型作为搭配，使整个空间明亮且充满现代感。

秋月春风

建筑面积: 110m²

户型: 两室两厅

设计师: 刘群

设计说明: 从入户到客厅空间弥漫着秋天的氛围，米黄色的乳胶漆，橘黄色的灯带，让整个空间都带有秋天的色彩。墙面整体以黄色壁纸为主调，在木质过道吊顶的衬托下，给人一种落叶飘飘的感觉。厨房门口一串火红辣椒的点缀，恰到好处地营造了整个空间的氛围，让空间的秋意更浓。走进卧室，绿色的墙面却给人一种春天的感觉，两种空间两个季节，这种独特的变换，让整个空间因为颜色的变化，更加地充满意境。

案例17 黑白流年

建筑面积： 115m²

户型： 三室两厅

设计师： 孙孝雨

设计说明： 本套住宅设计以淡雅的米色为主体，黑色、灰色作点缀，电视机背景墙面较狭长，设计师采用黑镜前面挂满金属珠链与灰色木纹石做分割，几乎没有造型的同时就形成了空间划分。即：客厅电视背景墙与玄关的区分，简约而不简单的格调，沙发背景面积较小，同时外面一片优美的淡蓝色海景，为引景眼前，沙发背后以大面积银色镜面作背景，既丰富了客厅的空间，又引景入室，使得沙发背景无时无刻地呈现出海的气息。沙发背景与餐厅形成一长条过道，为突出过道口，采用黑色的门套分割沙发背景与餐厅的同时，演绎出一条长长的过道，不失稳重，且简单大方。原始建筑书房空间面积较小，设计手法采用大面积推拉门来扩大书房空间感。公共卫生间色调与客厅基本相近的灰色黑色作主体，而主卧卫生间以米色跟主卧室统一色调，空间十分完美协调。

案例18 个性时尚

建筑面积： 120m²

户型： 四室一厅

设计师： 欧慧

设计说明： 本案空间主色调为黑、白、灰，利用色调的对比让室内空间透露出时尚与个性。黑白落入似水柔情的点滴之中，带给人无限的理性思索，在黑白之中浮现跌宕的激情，这是业主对生活的热爱，以及对生活品质的追求。大面积的黑色烤漆玻璃电视背景墙成为客厅的主角，带来非常靓丽、精致的效果。这种大面积的对比只体现在客厅这样的大空间中，或者是想要打造个性效果的次卫，而对于相对需要温馨效果的卧室，则只是采用局部点缀，从而更符合功能空间的特点。

黑白生活

建筑面积： 120m²
户型： 四室一厅
设计师： 思雨设计
设计说明： 此房为一套 20 世纪 80 年代单位家属楼，根据业主的实际情况，两个孩子很快要结婚，以后会出去单独居住，这套房子装修后主要是给两位老人居住使用，所以把现在的四居室改造成为三居室，把现在的书房空间改造为餐厅，并且与厨房打通变为开放式厨房，把厨房的灶台外移至现在的小阳台，有效地分离厨房的油烟。厅比较暗，通过一些镜面的使用增加整体空间的透光线。三个卧室全在阳面，中间的卧室给大女儿居住。因为偶尔回来居住，所以考虑在这里做一个半开放式的空间，使用地台形式（具有床的功能），整体门打开采用折叠百叶门。平时可以作为小会客厅或茶室，有需要时还可以拉上百叶门作为卧室空间。

幸福交响曲

建筑面积： 120m²
户型： 三室两厅
设计师： 吴锐
设计说明： 作为幸福的一对新婚夫妻，小两口的生活充满了甜蜜与浪漫，同时也对未来成员的到来早早就做了准备，三居室的房屋正好满足他们对未来生活的规划。本案以现代都市的现代简约风格为主，通透的大空间布置、流畅的几何面构造，在整体轻快的色调下，营造出简约、时尚的生活环境。局部装饰的照片墙、木质窗花、条纹壁纸等，带来了空间视觉效果的变化。儿童房是专门单独设计的，主要通过色彩的变化来迎合儿童的成长需求。

透的魅力

建筑面积： 120m²
户型： 三室两厅
设计师： 周扬
设计说明： 本套方案的主要特点是简单、大方、明了，没有太多复杂的装饰，仅用了"开放"与"遮蔽"这两个特点，改变了整个空间的布局。利用开放式为厨房增加了空间，并在此基础上增加了吧台，巧妙地化解了厨房的狭小，并利用深色瓷砖作为划分，使餐厅与厨房看起来层次分明，且不失色彩。电视背景墙以玻璃和木板为装饰，利用玻璃的轻薄，巧妙地隔出了一个小书房。电视背景墙以木板隔墙作为支撑，不仅承重了电视，也丰富了背景墙的颜色，玻璃与木板的结合不仅增加了背景墙的独特性，也解决了书房的透光问题，这一设计成为客厅的亮点。巧妙的划分，让整个空间的布局更加合理。

案例 22 优雅妩媚

建筑面积： 125m²
户型： 三室一厅
设计师： 由伟壮

设计说明： 本案的女主人优雅，红色的点睛之笔，使整套居室在家具、软装搭配上与设计风格很协调。婉转、低吟，有种妩媚在不经意间流淌。客厅红白黑的搭配和干净利索的直线条让空间充满了现代感，灯饰等个性元素的融入让空间多了一份内涵。空间中多种材质的混合运用，突出材质本身的设计语言——布艺柔软、珠帘轻盈、原木温润……流露出主人释放个性的生活追求。

香洲水郡

建筑面积： 125m²

户型： 三室两厅

设计师： 刘明远

设计说明： 本套方案是中式风格，但是从整体空间的布局及装饰上来看，给人的感觉是轻快的，和以往的中式来比较，少了厚重感和传统感，给人的感觉是舒服、优雅。但是却也不失中式风范。这样的设计主要体现在装饰上，入户右边的装饰小景为房间增加了活力，左边的餐厅保留中式传统的装饰，在灯的装饰下增加了美式的元素，木头与铁艺的结合形成了较大的反差，使餐厅不仅有了中式古典的华贵富丽，同时也增加了几分优雅之气。在客厅的装饰下，运用了具有现代特色的黑镜作为点缀，为整个空间增加了灵动性。几种混合风格元素的加入让原本沉闷的中式空间，变得更加的多变和清晰。

性格空间

案例 24

建筑面积： 125m²
户型： 三室两厅
设计师： 由伟壮
设计说明： 此户型基于现代主义的提炼和升华，采用现代主义的多线条、硬朗、简约的特点，在空间中留有性格，简约中加入更多的时尚元素、绚丽的色彩造型，是现代主义在空间中的新表达。

印象元美

建筑面积： 128m²

户型： 三室两厅

设计师： 陈杨建

设计说明： 本设计在保持原有结构的基础上，尽量地采光和通风。考虑户型的不规则性，采用了直线条的表现方式，尽量延伸空间，扩大空间感。大面积的黄色给人温馨、舒适感，白色的家居，整体感觉。即现代又有点简欧的风范。

案例 26 暗香

建筑面积: 130m²
户型: 三室一厅
设计师: 巫小伟
设计说明: 设计本该更加张扬,由此满足人们对豪华视觉的偏爱,然而设计师却低调地铺就了一身纯洁的素黑白色彩,还煞费苦心地将收敛的线条渐隐其中,只是蜻蜓点水式地让光线若有若无地四射开来。正是这个折射着淡淡的水晶光泽的空间,存放着家的感情和城市的梦想,以无与伦比的品质舞蹈着一个关于空间、材料与光线的梦幻游戏。

简爱

建筑面积： 130m²

户型： 三室一厅

设计师： 陈杨建

设计说明： 本案定位为轻松自然的简约风格，因此决定用简单的线条及色调装饰每个空间，并确保各空间的功能性完整充分。整个空间没有过多的装饰元素，只为表达一种简单的生活态度和一份对生活并不简单的热爱。在设计过程中，结合结构的分割、区域的划分、色彩的搭配、光照的勾勒，大量运用点、线、面的组成要素，使空间造型和谐统一而且轻松、自然，将空间表现形式重新归于使用功能。

颠覆后现代

建筑面积： 130m²
户型： 三室二厅
设计师： 周闯

设计说明： 房型图上展示的厨房、卫生间和书房，虽然相互连着，但是给人的感觉只是硬生生的相连，如同在公园里的同一把长椅子上坐着三个陌生人一样，不能交流，很是尴尬。而如今现实中的厨房、卫生间和书房实现了统一的局面，离不开妙用黑色烤漆玻璃嵌入墙体，划出一条条硬朗的"生命线"，让三个美丽的"陌生人"相互交流起来，这就是本案要给予这个后现代之家注入的生命灵魂之所在。

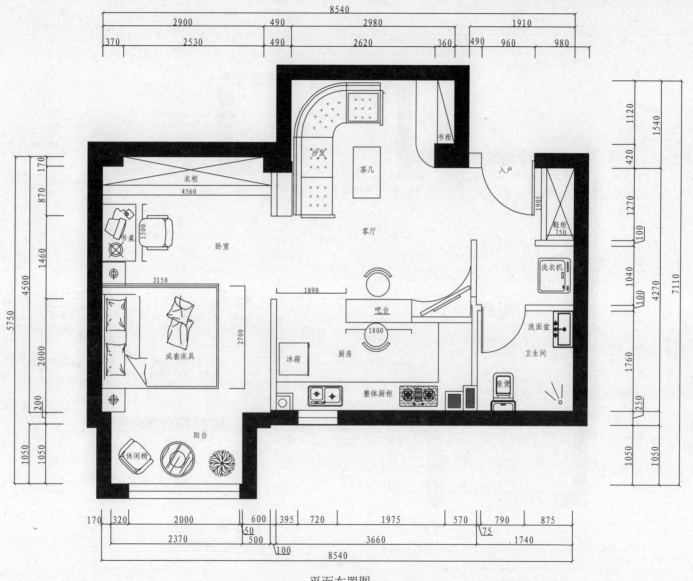

平面布置图

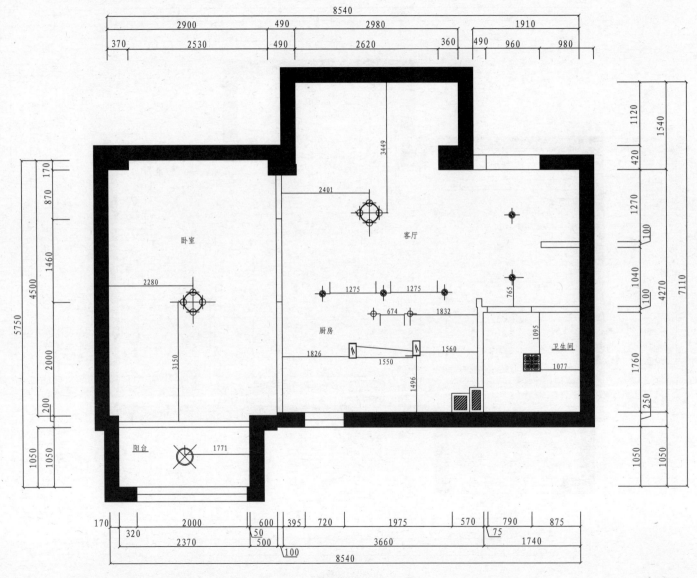

天花布置图

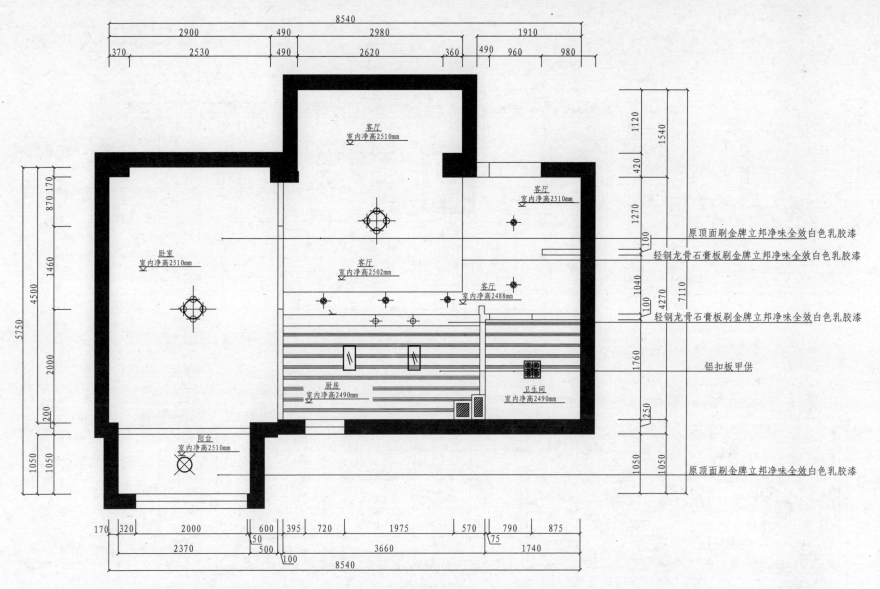

原顶面刷金牌立邦净味全效白色乳胶漆

轻钢龙骨石膏板刷金牌立邦净味全效白色乳胶漆

轻钢龙骨石膏板刷金牌立邦净味全效白色乳胶漆

铝扣板甲供

原顶面刷金牌立邦净味全效白色乳胶漆

客厅
室内净高2510mm

客厅
室内净高2510mm

卧室
室内净高2510mm

客厅
室内净高2502mm

客厅
室内净高2488mm

厨房
室内净高2490mm

卫生间
室内净高2490mm

阳台
室内净高2510mm

灯具安装图

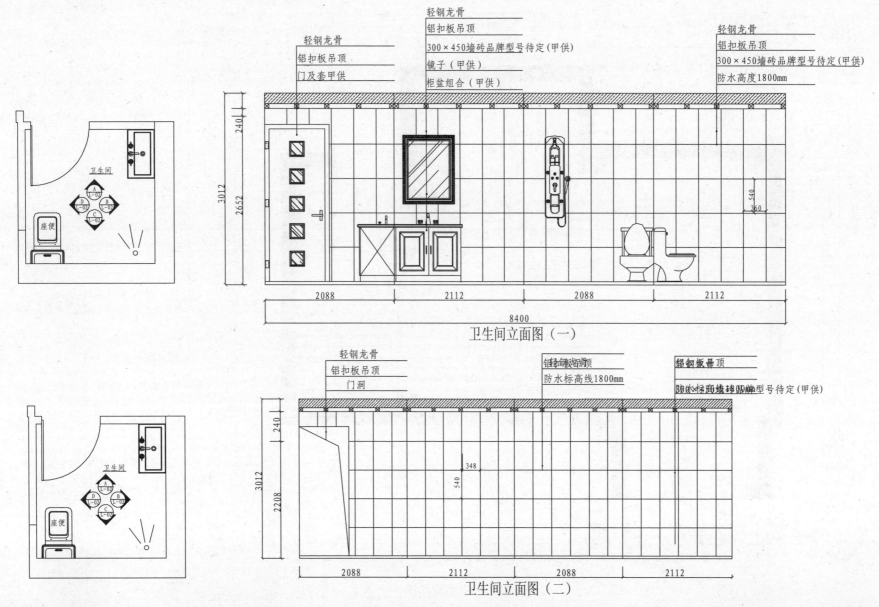

轻钢龙骨
铝扣板吊顶
门及套甲供

轻钢龙骨
铝扣板吊顶
300×450墙砖品牌型号待定（甲供）
镜子（甲供）
柜盆组合（甲供）

轻钢龙骨
铝扣板吊顶
300×450墙砖品牌型号待定（甲供）
防水高度1800mm

卫生间

3012
2652
240

2088 2112 2088 2112
8400

卫生间立面图（一）

轻钢龙骨
铝扣板吊顶
门洞

轻钢龙骨
铝扣板吊顶
防水标高线1800mm

铝扣板吊顶
轻钢龙骨
防水高度1800mm
300×450墙砖品牌型号待定（甲供）

卫生间

3012
2208
240

2088 2112 2088 2112

卫生间立面图（二）

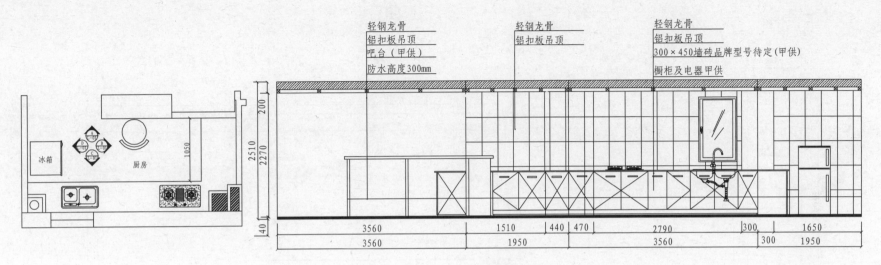

轻钢龙骨
铝扣板吊顶
吧台（甲供）
防水高度300mm

轻钢龙骨
铝扣板吊顶

轻钢龙骨
铝扣板吊顶
300×450墙砖品牌型号待定（甲供）
橱柜及电器甲供

冰箱

厨房

厨房立面图（一）

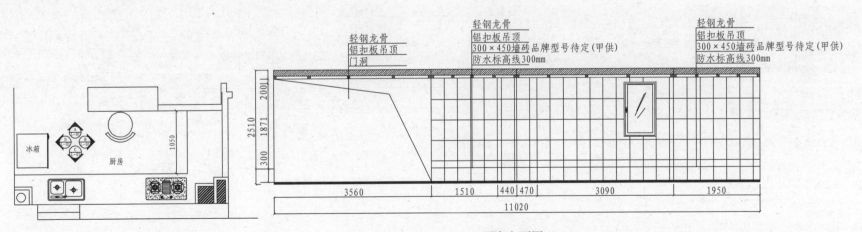

轻钢龙骨
铝扣板吊顶
门洞

轻钢龙骨
铝扣板吊顶
300×450墙砖品牌型号待定（甲供）
防水标高线300mm

轻钢龙骨
铝扣板吊顶
300×450墙砖品牌型号待定（甲供）
防水标高线300mm

冰箱

厨房

厨房立面图（二）

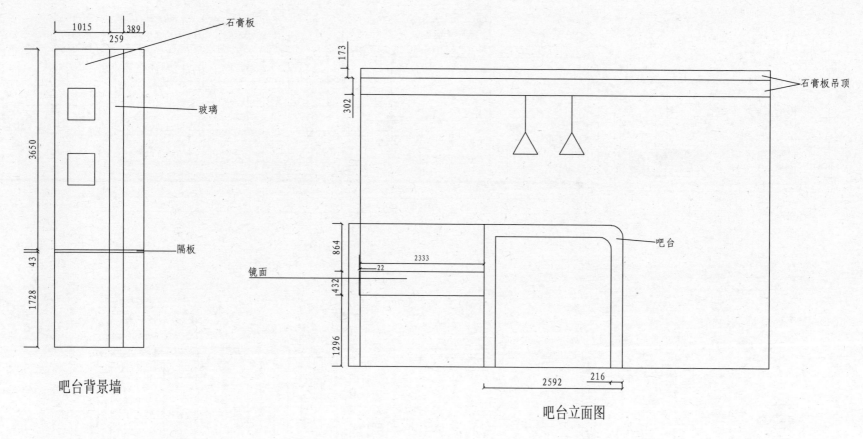

吧台背景墙

吧台立面图

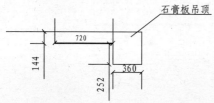

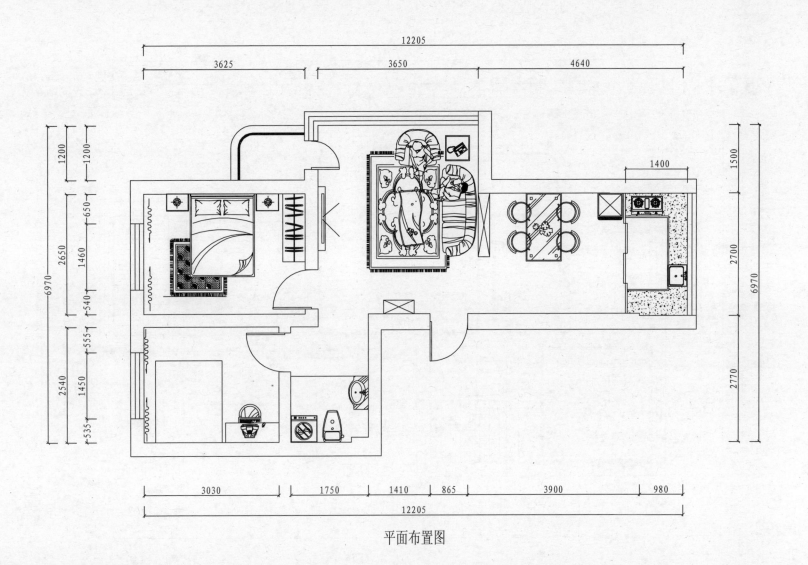

平面布置图

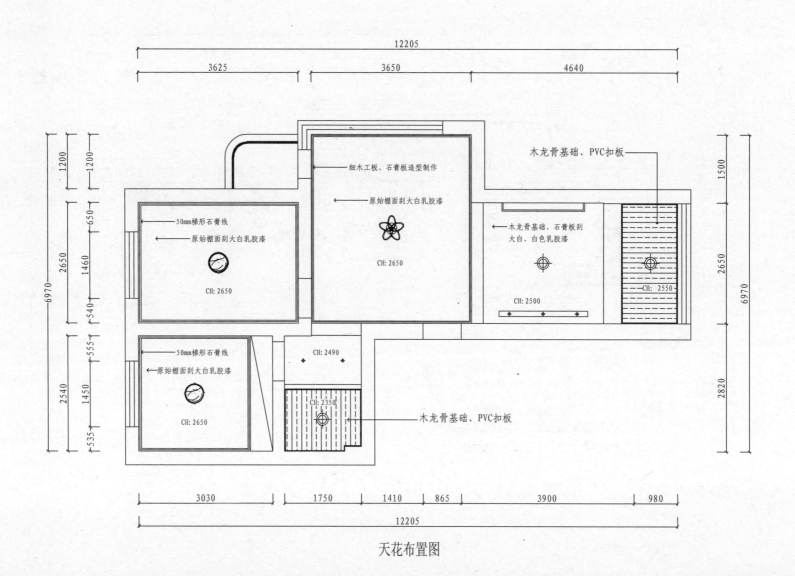

天花布置图

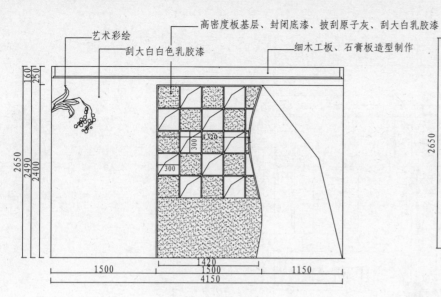

艺术彩绘

高密度板基层、封闭底漆、披刮原子灰、刮大白乳胶漆

刮大白白色乳胶漆

细木工板、石膏板造型制作

沙发背景墙立面图

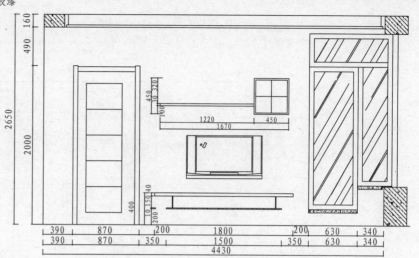

电视背景墙立面图

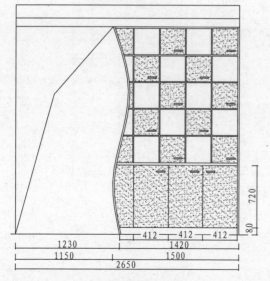

餐厅背景墙立面图

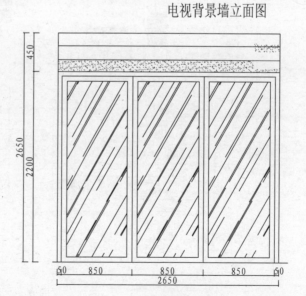

餐厅隔断立面图

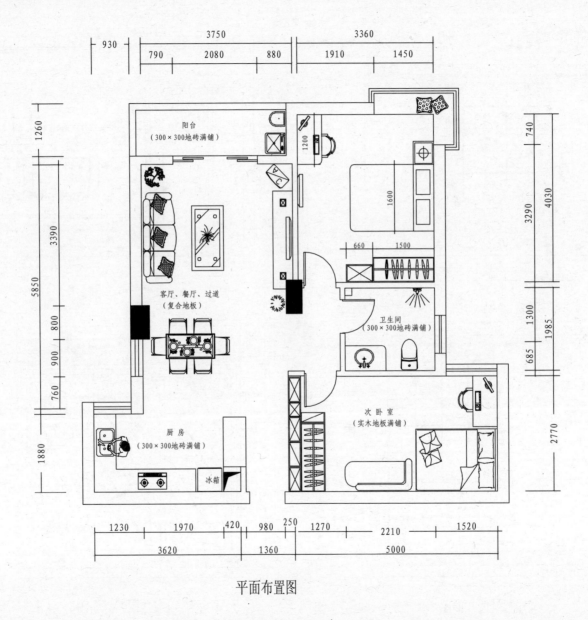

阳台
（300×300地砖满铺）

客厅、餐厅、过道
（复合地板）

厨 房
（300×300地砖满铺）

冰箱

卫生间
（300×300地砖满铺）

次 卧 室
（实木地板满铺）

平面布置图

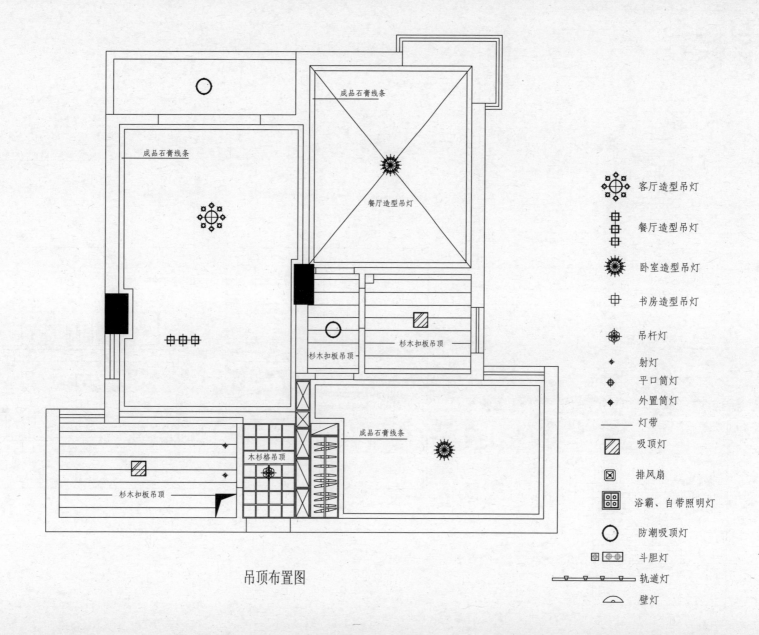

成品石膏线条

成品石膏线条

餐厅造型吊灯

杉木扣板吊顶

杉木扣板吊顶

成品石膏线条

木杉格吊顶

杉木扣板吊顶

吊顶布置图

客厅造型吊灯

餐厅造型吊灯

卧室造型吊灯

书房造型吊灯

吊杆灯

射灯

平口筒灯

外置筒灯

灯带

吸顶灯

排风扇

浴霸、自带照明灯

防潮吸顶灯

斗胆灯

轨道灯

壁灯

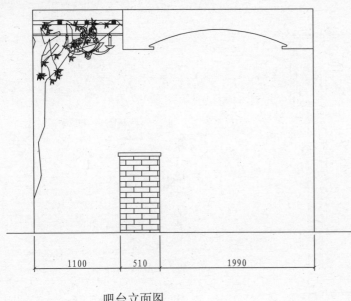

吧台立面图

1100　510　1990

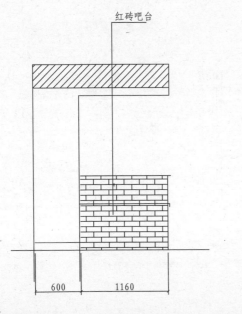

红砖吧台

600　1160

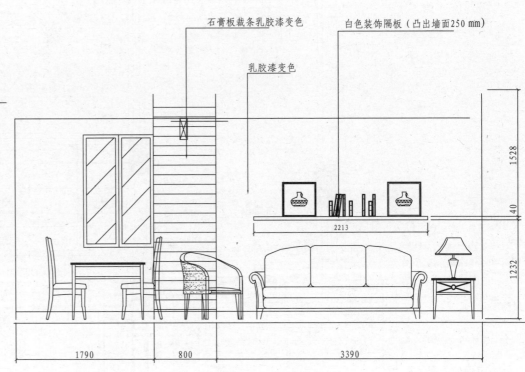

石膏板裁条乳胶漆变色

乳胶漆变色

白色装饰隔板（凸出墙面250 mm）

1528

40

1232

2213

1790　800　3390

餐厅、沙发背景墙立面图

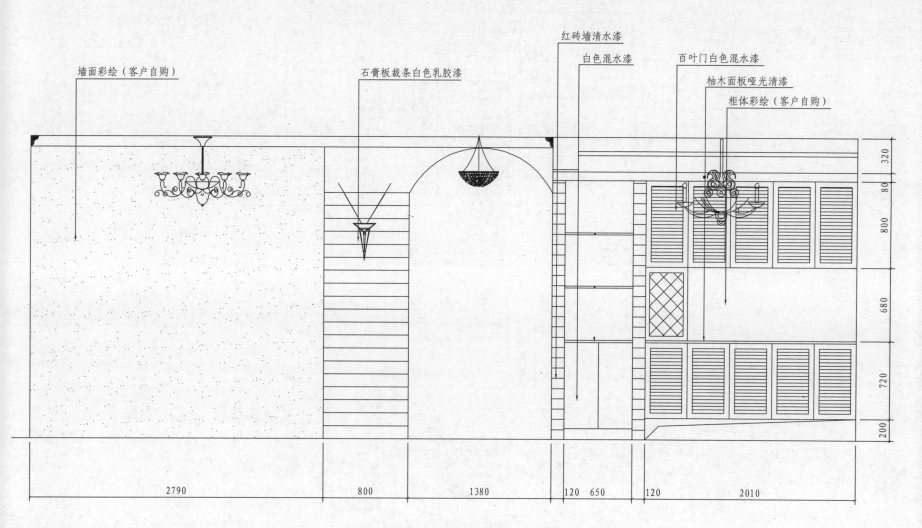

墙面彩绘（客户自购）

石膏板裁条白色乳胶漆

红砖墙清水漆

白色混水漆

百叶门白色混水漆

柚木面板哑光清漆

柜体彩绘（客户自购）

320

80

800

680

720

200

2790

800

1380

120　650

120

2010

餐厅立面图

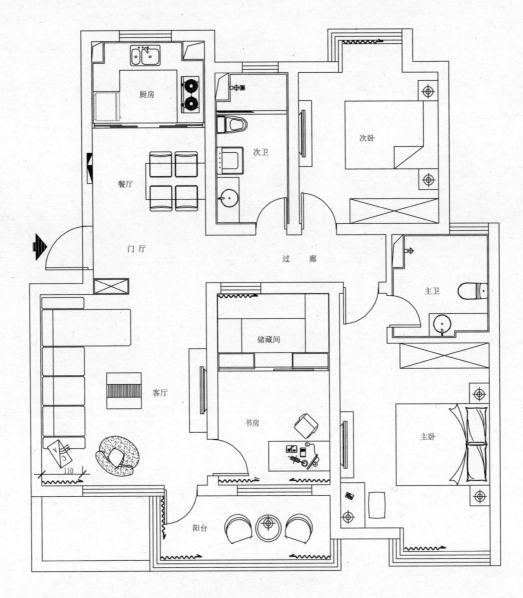

厨房

次卫

次卧

餐厅

门厅

过　廊

主卫

客厅

储藏间

书房

主卧

110

阳台

平面布置图

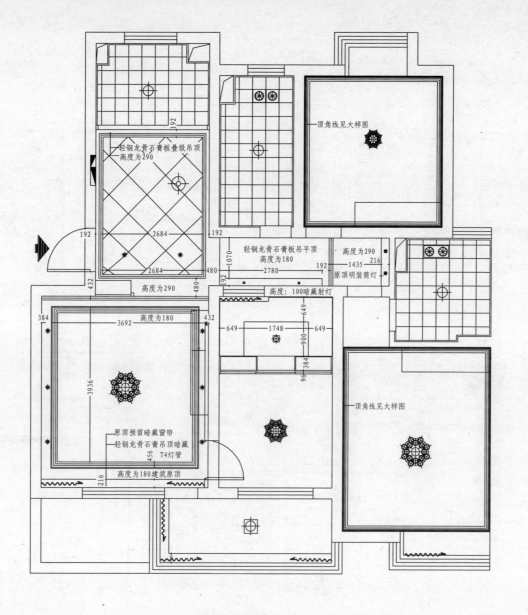

轻钢龙骨石膏板叠级吊顶
高度为290

顶角线见大样图

轻钢龙骨石膏板吊平顶
高度为180

高度为290

原顶明装筒灯

高度：100暗藏射灯

高度为180

顶角线见大样图

原顶预留暗藏窗帘
轻钢龙骨石膏顶吊顶暗藏
T4灯管

高度为180建筑原顶

顶面布置图

图例		
	⊢⊣	暗藏灯带
	✺	单头石英灯
	⊕	吸顶灯
	⊕	吊线灯
	✸	花灯
	⊞	防水吸顶灯
	●	明装筒灯
	▧	浴霸

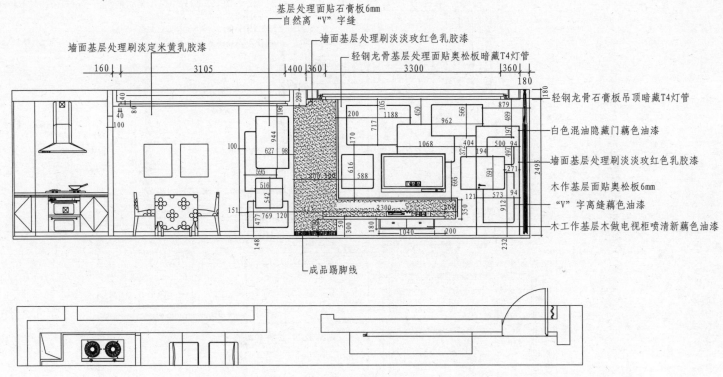

基层处理面贴石膏板6mm
自然离"V"字缝
墙面基层处理刷淡淡玫红色乳胶漆
墙面基层处理刷淡定米黄乳胶漆
轻钢龙骨基层处理面贴奥松板暗藏T4灯管

轻钢龙骨石膏板吊顶暗藏T4灯管
白色混油隐藏门藕色油漆
墙面基层处理刷淡淡玫红色乳胶漆
木作基层面贴奥松板6mm
"V"字离缝藕色油漆
木工作基层木做电视柜喷清新藕色油漆

成品踢脚线

电视背景墙立面图

书架立面图

备注
1. 柜体为E0级木工板基层,柜内贴红橡木纹纸,
   柜体周边红橡木线条收口刷清漆.
2. 柜体所有五金甲方提供至施工现场乙方负责安装.
3. 书柜柜门为推拉成品柜门.

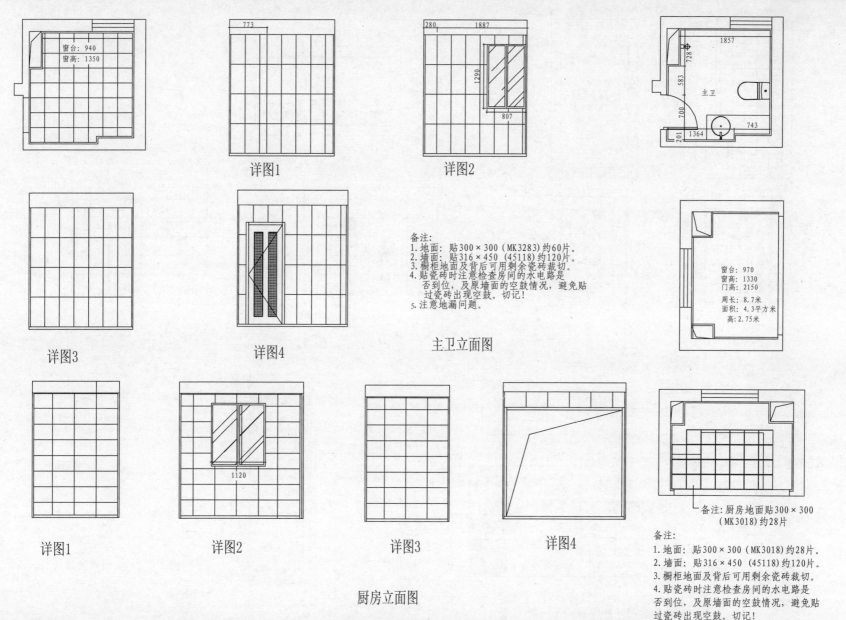

窗台：940
窗高：1350

773

280   1887
1290
807

1857
728
583
主卫
700
201 1364 743

详图1

详图2

备注：
1. 地面：贴300×300（MK3283）约60片。
2. 墙面：贴316×450（45118）约120片。
3. 橱柜地面及背后可用剩余瓷砖裁切。
4. 贴瓷砖时注意检查房间的水电路是
   否到位，及原墙面的空鼓情况，避免贴
   过瓷砖出现空鼓。切记！
5. 注意地漏问题。

窗台：970
窗高：1330
门高：2150

周长：8.7米
面积：4.3平方米

高：2.75米

详图3

详图4

主卫立面图

1120

备注：厨房地面贴300×300
（MK3018）约28片

详图1

详图2

详图3

详图4

备注：
1. 地面：贴300×300（MK3018）约28片。
2. 墙面：贴316×450（45118）约120片。
3. 橱柜地面及背后可用剩余瓷砖裁切。
4. 贴瓷砖时注意检查房间的水电路是
   否到位，及原墙面的空鼓情况，避免贴
   过瓷砖出现空鼓。切记！

厨房立面图

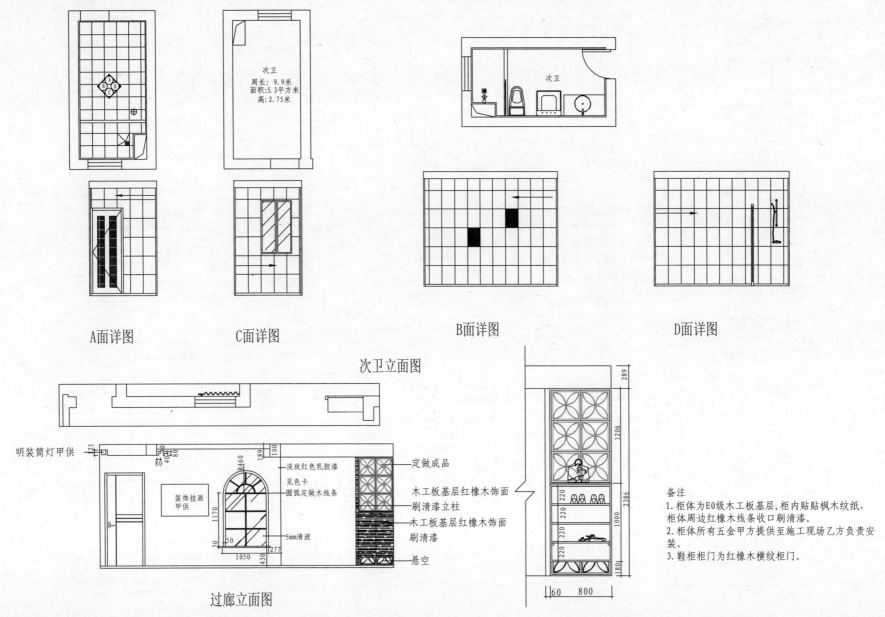

次卫
周长：9.9米
面积：5.3平方米
高：2.75米

次卫

A面详图　　　　C面详图　　　　B面详图　　　　D面详图

次卫立面图

过廊立面图

明装筒灯甲供

装饰挂画甲供

淡玫红色乳胶漆
见色卡
圆弧定做木线条

5mm清波

定做成品

木工板基层红橡木饰面
刷清漆立柱
木工板基层红橡木饰面
刷清漆

悬空

备注
1. 柜体为E0级木工板基层，柜内贴贴枫木纹纸，柜体周边红橡木线条收口刷清漆。
2. 柜体所有五金甲方提供至施工现场乙方负责安装。
3. 鞋柜柜门为红橡木横纹柜门。

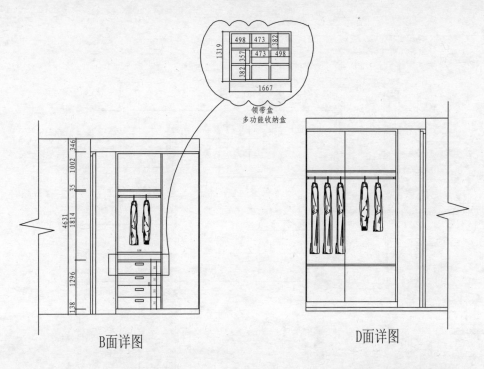

领带盒
多功能收纳盒

B面详图

D面详图

A面详图

A-储藏间衣柜立面图

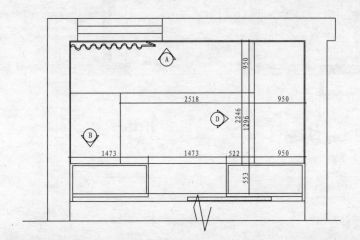

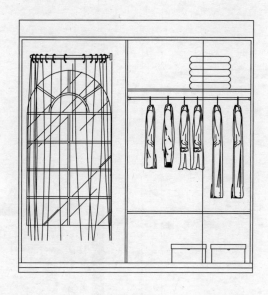

备注
1.柜体为E0级木工板基层,柜内贴贴枫木纹纸,
 柜体周边奥松板收口刷白色混油漆。
2.柜体所有五金甲方提供至施工现场,乙方负责安装。
3.柜门甲供供货商上门量尺定作。

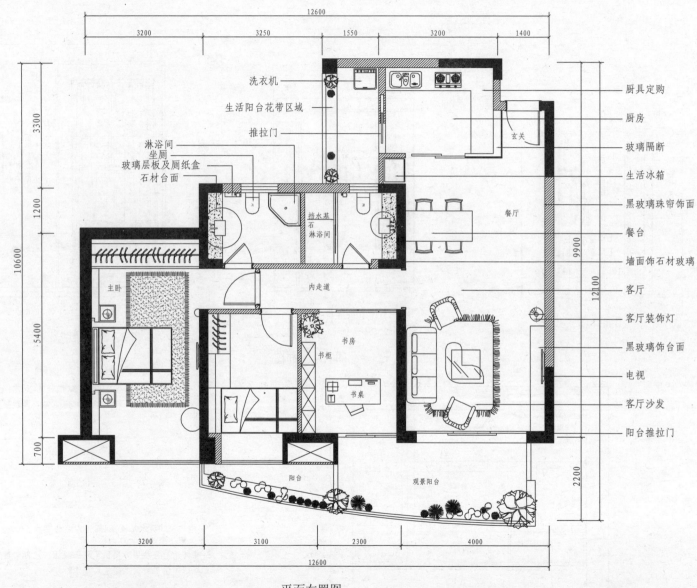

洗衣机

生活阳台花带区域

推拉门

淋浴间
坐厕
玻璃层板及厕纸盒
石材台面

厨具定购

厨房

玻璃隔断

生活冰箱

黑玻璃珠帘饰面

餐台

墙面饰石材玻璃

客厅

客厅装饰灯

黑玻璃饰台面

电视

客厅沙发

阳台推拉门

玄关

挡水基
石
淋浴间

主卧

餐厅

内走道

书房

书柜

书桌

阳台

观景阳台

平面布置图

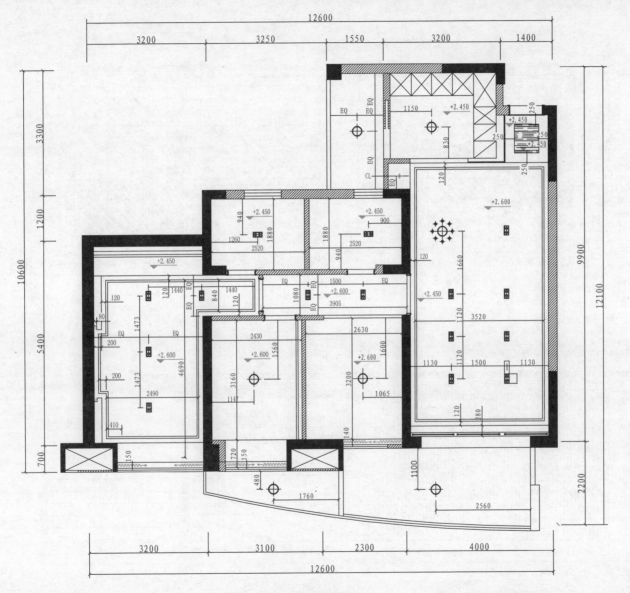

顶面布置图

图例	名称
	艺术吊灯
	双孔斗胆石英灯
	吸顶灯
	灯带
	镜前灯
	石英灯

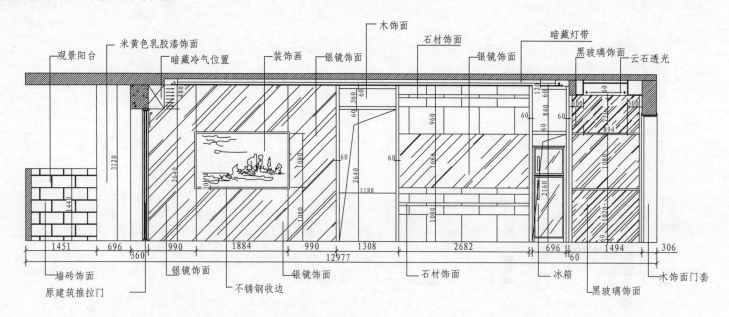

餐厅及厨房立面图(一)

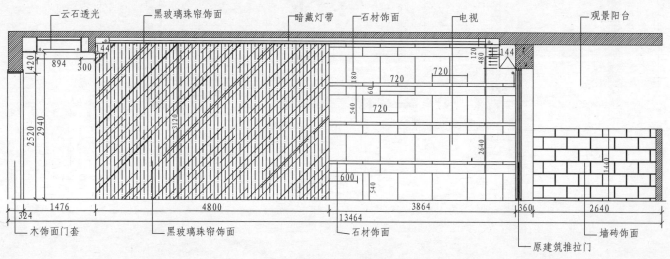

餐厅及厨房立面图（二）

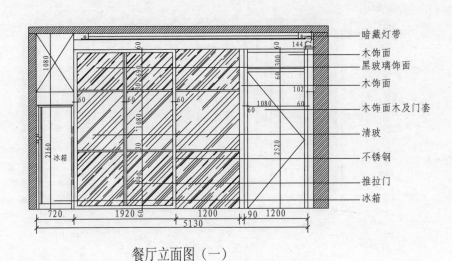

餐厅立面图（一）

暗藏灯带
木饰面
黑玻璃饰面
木饰面
木饰面木及门套
清玻
不锈钢
推拉门
冰箱

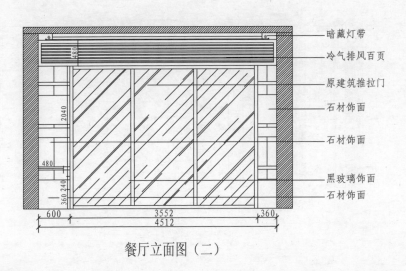

餐厅立面图（二）

暗藏灯带
冷气排风百页
原建筑推拉门
石材饰面
石材饰面
黑玻璃饰面
石材饰面

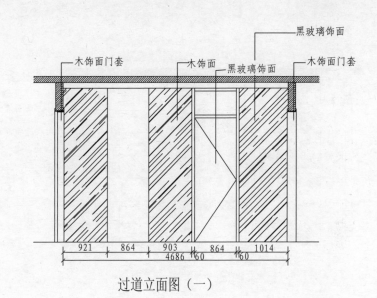

过道立面图（一）

黑玻璃饰面
木饰面门套
木饰面
黑玻璃饰面
木饰面门套

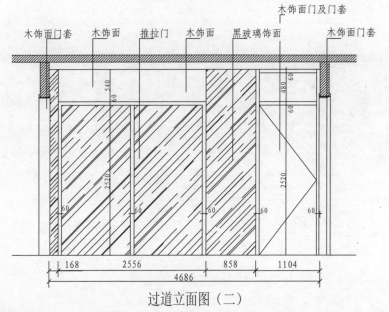

过道立面图（二）

木饰面门及门套
木饰面门套
木饰面
推拉门
木饰面
黑玻璃饰面
木饰面门套

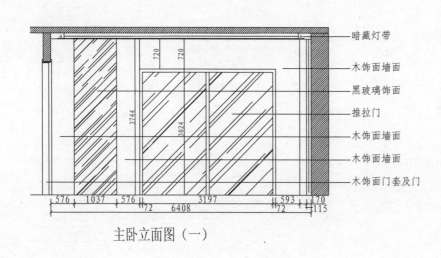

主卧立面图（一）

暗藏灯带
木饰面墙面
黑玻璃饰面
推拉门
木饰面墙面
木饰面墙面
木饰面门套及门

720 720
3744 3024
576 1037 576 3197 593 170
72 6408 72 115

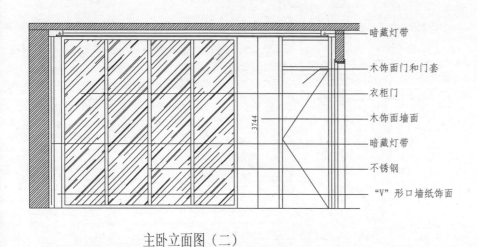

主卧立面图（二）

暗藏灯带
木饰面门和门套
衣柜门
木饰面墙面
暗藏灯带
不锈钢
"V"形口墙纸饰面

3744

木饰面墙面

冷气 暗藏灯带 "V"形口墙纸饰面 衣柜

173 144
EQ 1440 EQ
3024
2160
950 1728 2592 2045 864 245
8424

推拉门
"V"形口墙纸饰面1500m床 床头柜 "V"形口墙纸饰面木饰面踢脚 暗藏灯带 衣柜推拉门

主卧立面图（三）

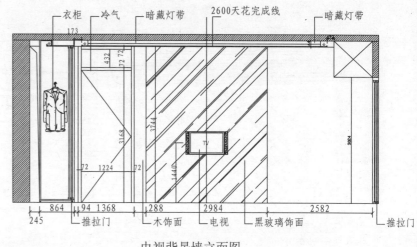

衣柜 冷气 暗藏灯带 2600天花完成线 暗藏灯带

173
432 72 72
3168 3744 5984
72 1224 72
1440

245 864 94 1368 288 2984 2582

推拉门 木饰面 电视 黑玻璃饰面 推拉门

电视背景墙立面图

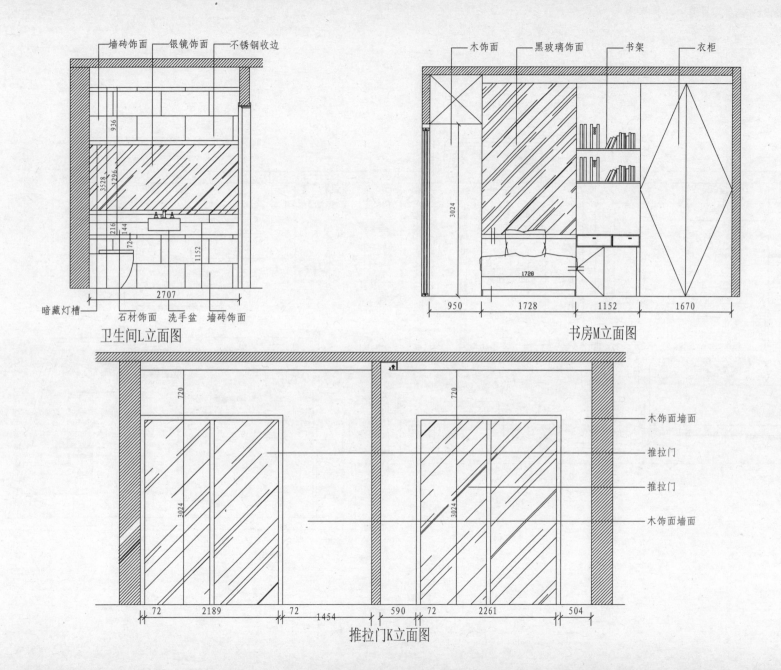

墙砖饰面　银镜饰面　不锈钢收边

936

3528　1296

216　144

72

1152

2707

暗藏灯槽

石材饰面　洗手盆　墙砖饰面

卫生间L立面图

木饰面　黑玻璃饰面　书架　衣柜

3024

1728

950　1728　1152　1670

书房M立面图

720　720

木饰面墙面

推拉门

3024　3024

推拉门

木饰面墙面

72　2189　72　1454　590　72　2261　504

推拉门K立面图

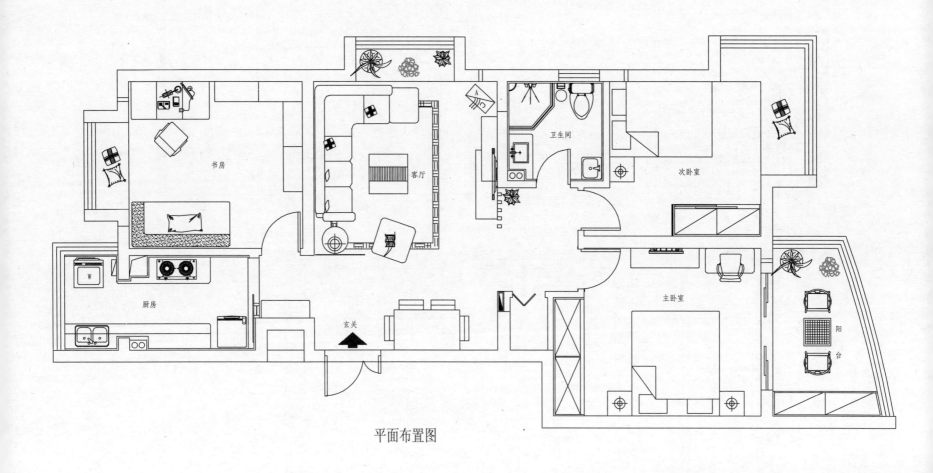

书房

厨房

客厅

卫生间

次卧室

玄关

主卧室

阳台

平面布置图

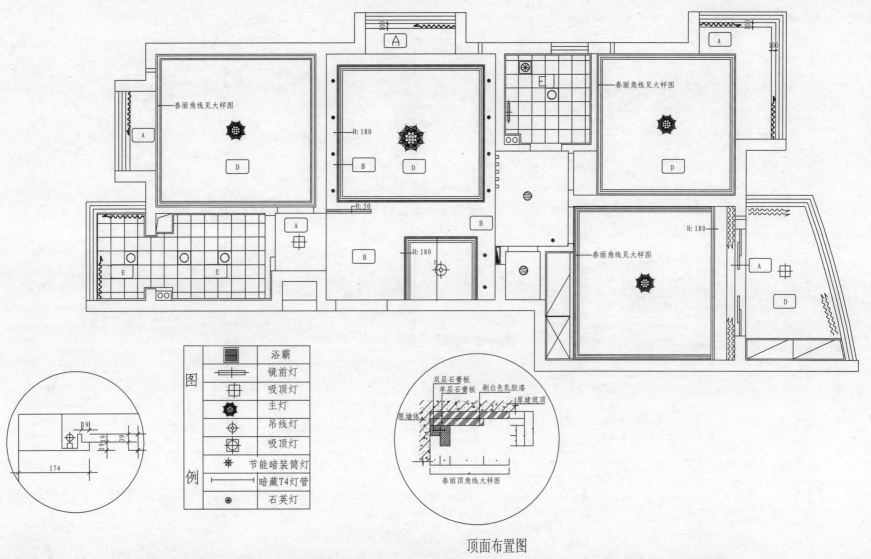

春丽角线见大样图

H: 180

H: 50

H: 180

H: 180

春丽角线见大样图

春丽角线见大样图

100

图		浴霸
		镜前灯
		吸顶灯
		主灯
		吊线灯
		吸顶灯
例		节能暗装筒灯
		暗藏T4灯管
		石英灯

双层石膏板
单层石膏板
刷白色乳胶漆
原建筑顶
原墙体
春丽顶角线大样图

174　191　39

顶面布置图

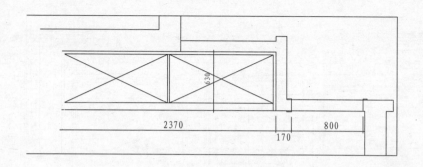

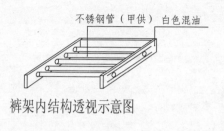

不锈钢管（甲供） 白色混油

裤架内结构透视示意图

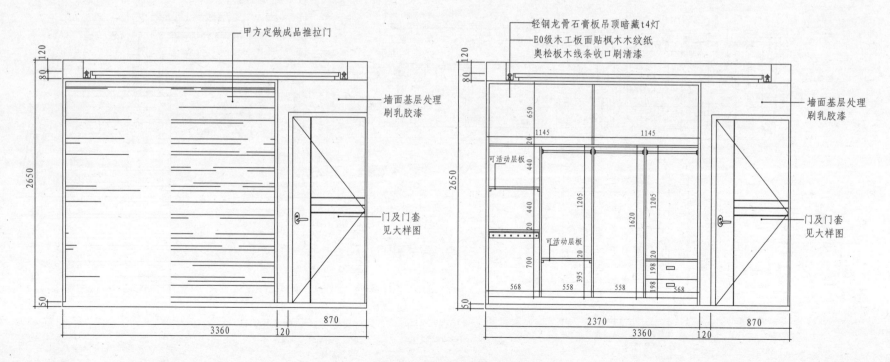

甲方定做成品推拉门

墙面基层处理
刷乳胶漆

门及门套
见大样图

轻钢龙骨石膏板吊顶暗藏t4灯
E0级木工板面贴枫木木纹纸
奥松板木线条收口刷清漆

墙面基层处理
刷乳胶漆

门及门套
见大样图

可活动层板

可活动层板

主卧室衣柜详图

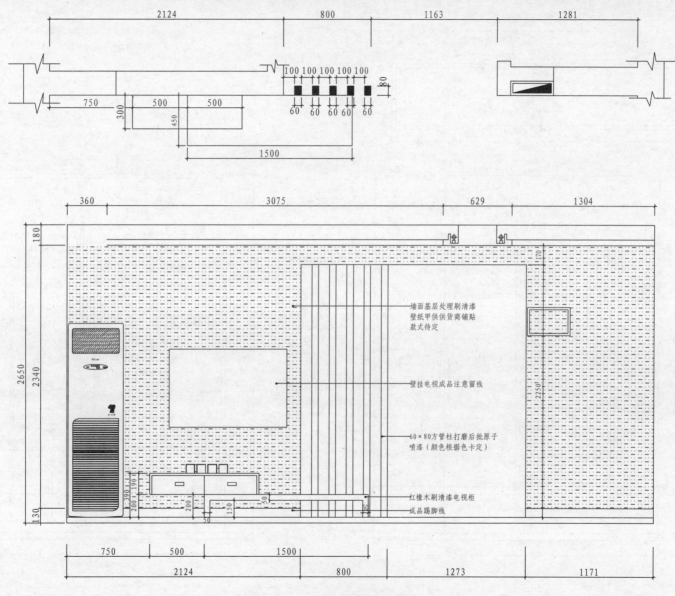

2124 800 1163 1281

100 100 100 100 100

80

750 500 500

300

450

60 60 60 60 60

1500

360 3075 629 1304

180

170

2650 2340

2250

墙面基层处理刷清漆
壁纸甲供供货商铺贴
款式待定

壁挂电视成品注意留线

60×80方管柱打磨后批原子
喷漆（颜色根据色卡定）

红橡木刷清漆电视柜

成品踢脚线

130

390 190

200 190

200

150

50

50

50

750 500 1500

2124 800 1273 1171

电视背景墙立面图

-29-

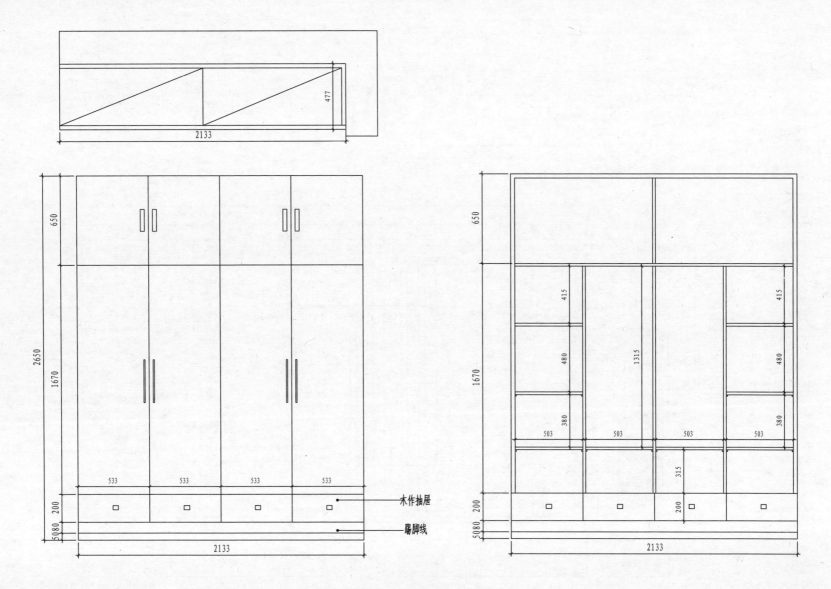

阳台储藏柜详图

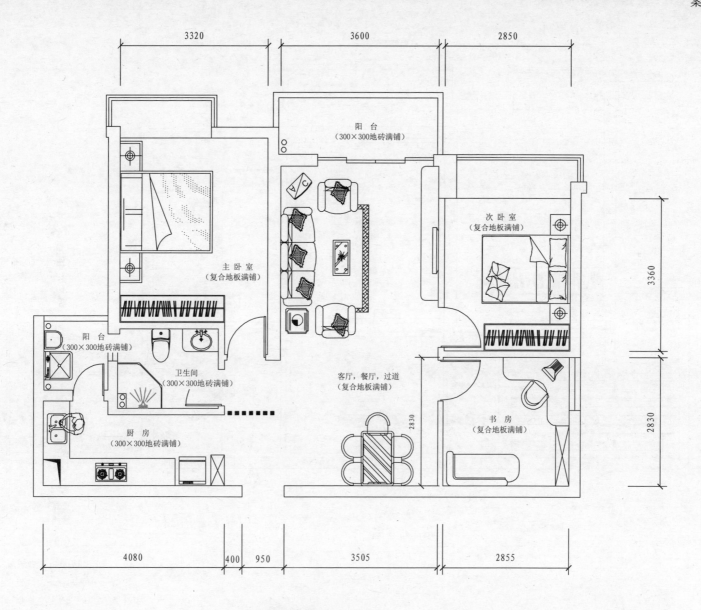

3320　3600　2850

阳台
（300×300地砖满铺）

主卧室
（复合地板满铺）

次卧室
（复合地板满铺）

阳台
（300×300地砖满铺）

卫生间
（300×300地砖满铺）

客厅，餐厅，过道
（复合地板满铺）

书房
（复合地板满铺）

厨房
（300×300地砖满铺）

3360

2830

4080　400　950　3505　2855

2830

平面布置图

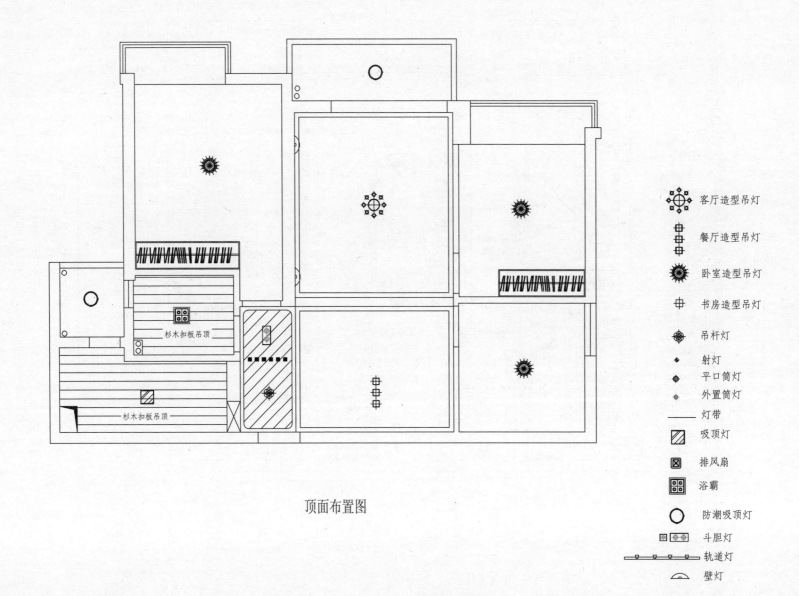

杉木扣板吊顶

杉木扣板吊顶

顶面布置图

客厅造型吊灯

餐厅造型吊灯

卧室造型吊灯

书房造型吊灯

吊杆灯

射灯

平口筒灯

外置筒灯

灯带

吸顶灯

排风扇

浴霸

防潮吸顶灯

斗胆灯

轨道灯

壁灯

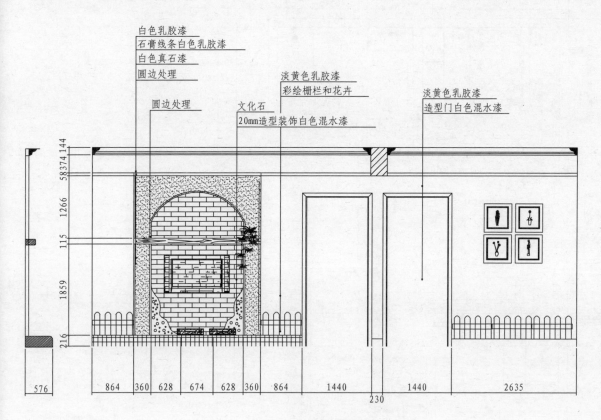

白色乳胶漆
石膏线条白色乳胶漆
白色真石漆
圆边处理

圆边处理

文化石
20mm造型装饰白色混水漆

淡黄色乳胶漆
彩绘栅栏和花卉

淡黄色乳胶漆
造型门白色混水漆

白色隔板，黑色铁艺花边
淡黄色乳胶漆

144
58 374
1266
115
1859
216

576
864 360 628 674 628 360 864 1440 1440 2635
230

客厅及玄关背景墙立面图

3445 1070 340

餐厅背景墙立面图

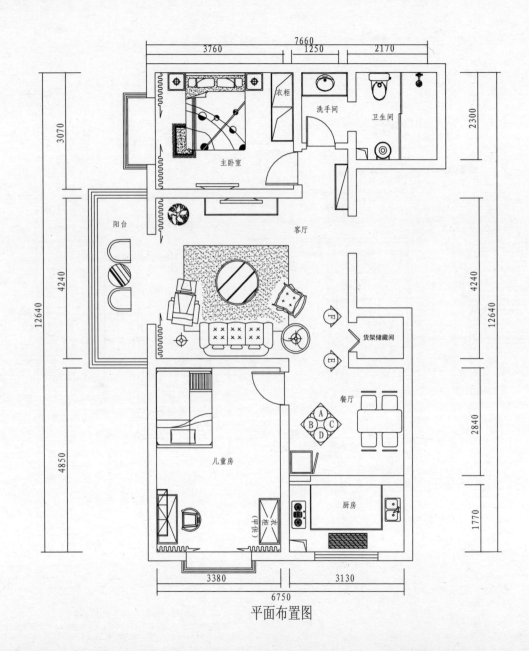

平面布置图

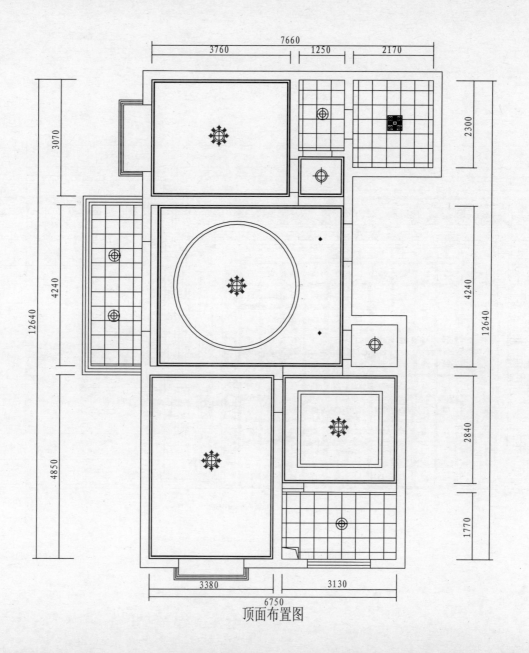

顶面布置图

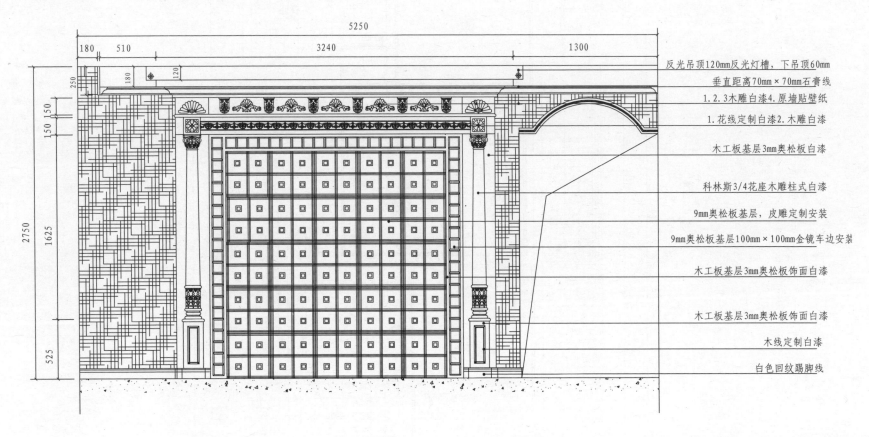

A墙面立面图

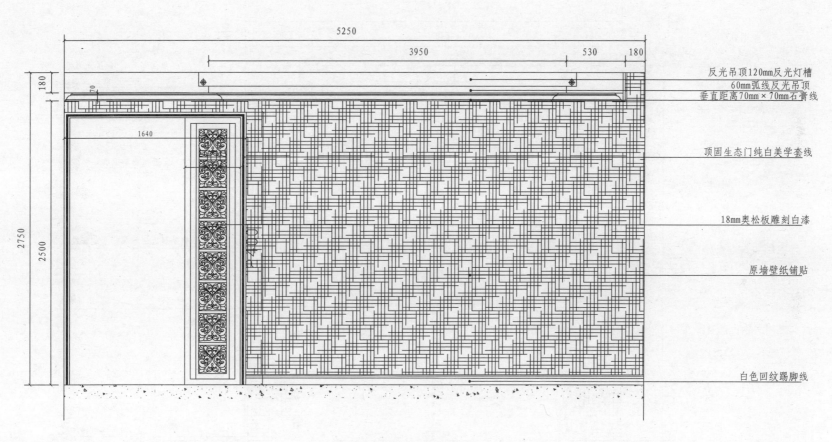

反光吊顶120mm反光灯槽
60mm弧线反光吊顶
垂直距离70mm×70mm石膏线

顶固生态门纯白美学套线

18mm奥松板雕刻白漆

原墙壁纸铺贴

白色回纹踢脚线

5250
3950　530　180
180
70
1640
2750
2500
2400

B墙面立面图

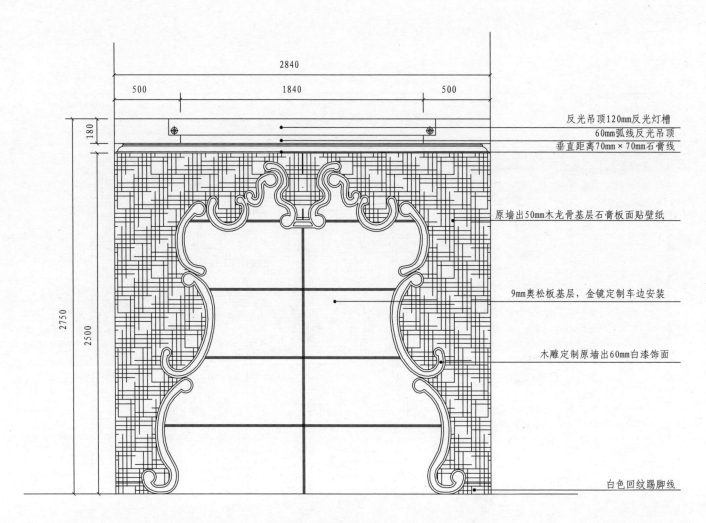

反光吊顶120mm反光灯槽
60mm弧线反光吊顶
垂直距离70mm×70mm石膏线

原墙出50mm木龙骨基层石膏板面贴壁纸

9mm奥松板基层，金镜定制车边安装

木雕定制原墙出60mm白漆饰面

白色回纹踢脚线

2840

500　　1840　　500

180

2750

2500

C墙面立面图

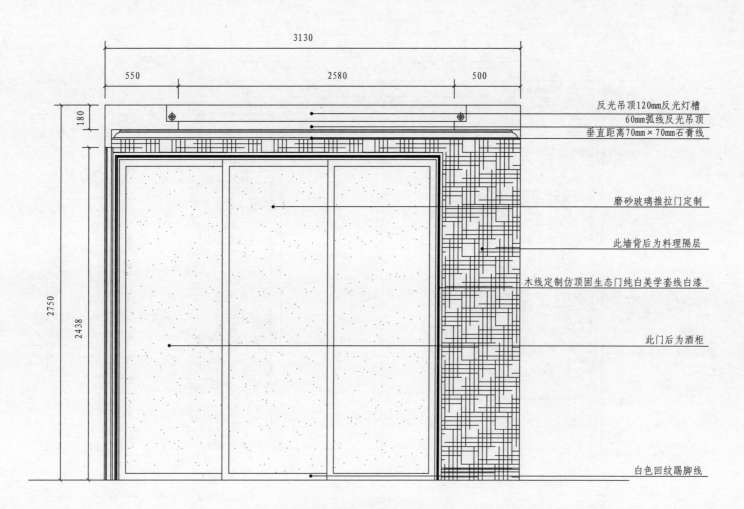

3130

550　　　2580　　　500

180

2750

2438

反光吊顶120mm反光灯槽
60mm弧线反光吊顶
垂直距离70mm×70mm石膏线

磨砂玻璃推拉门定制

此墙背后为料理隔层

木线定制仿顶固生态门纯白美学套线白漆

此门后为酒柜

白色回纹踢脚线

D墙面立面图

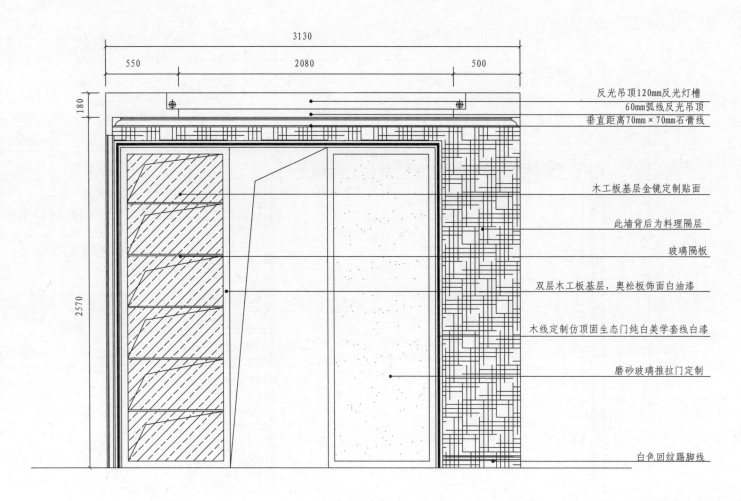

反光吊顶120mm反光灯槽
60mm弧线反光吊顶
垂直距离70mm×70mm石膏线

木工板基层金镜定制贴面

此墙背后为料理隔层

玻璃隔板

双层木工板基层，奥松板饰面白油漆

木线定制仿顶固生态门纯白美学套线白漆

磨砂玻璃推拉门定制

白色回纹踢脚线

E墙面立面图

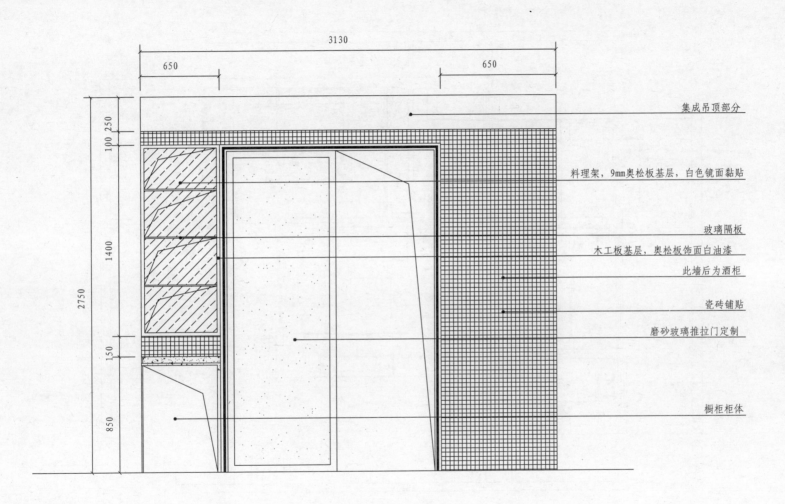

F墙面立面图

集成吊顶部分

料理架，9mm奥松板基层，白色镜面黏贴

玻璃隔板

木工板基层，奥松板饰面白油漆

此墙后为酒柜

瓷砖铺贴

磨砂玻璃推拉门定制

橱柜柜体

3130

650 650

2750

250
100
1400
150
850

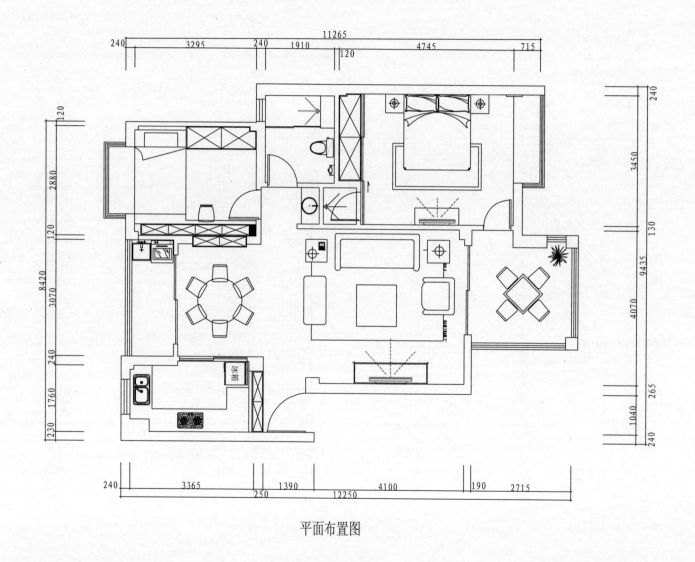

平面布置图

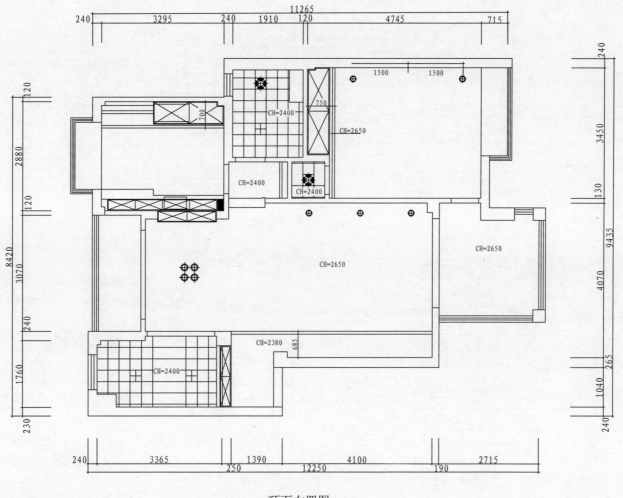

顶面布置图

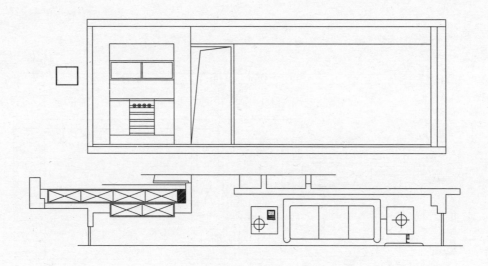

沙发背景墙立面图

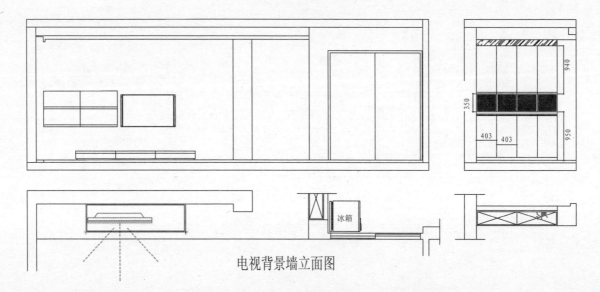

电视背景墙立面图

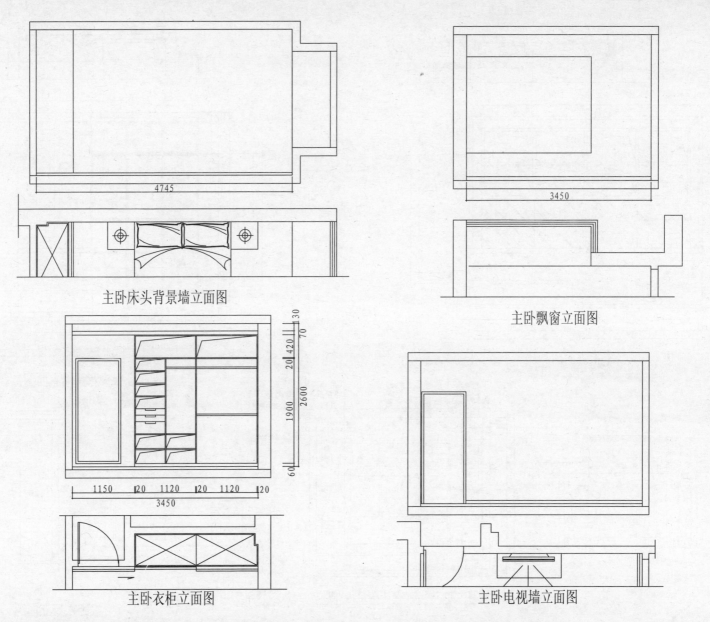

主卧床头背景墙立面图

主卧飘窗立面图

主卧衣柜立面图

主卧电视墙立面图

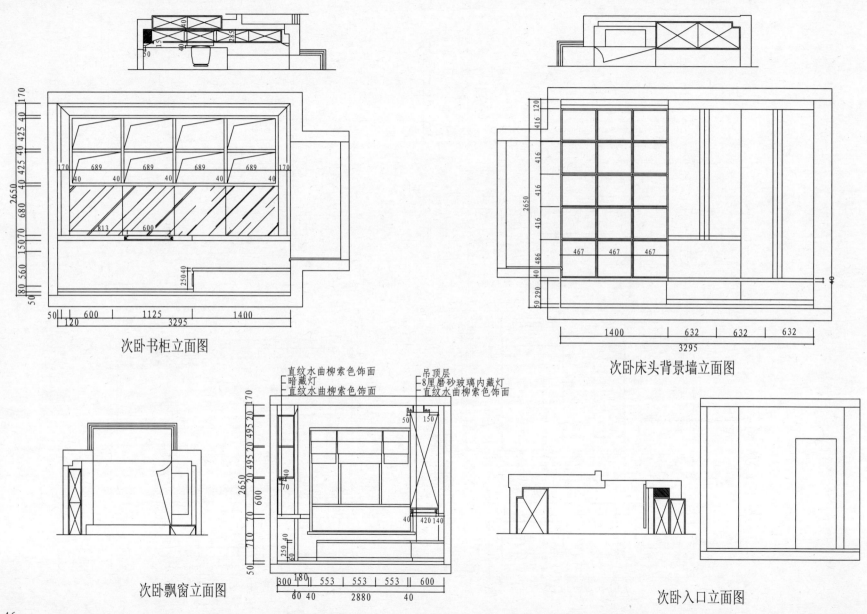

次卧书柜立面图

次卧床头背景墙立面图

次卧飘窗立面图

次卧入口立面图

直纹水曲柳索色饰面
暗藏灯
直纹水曲柳索色饰面

吊顶层
8厘磨砂玻璃内藏灯
直纹水曲柳索色饰面

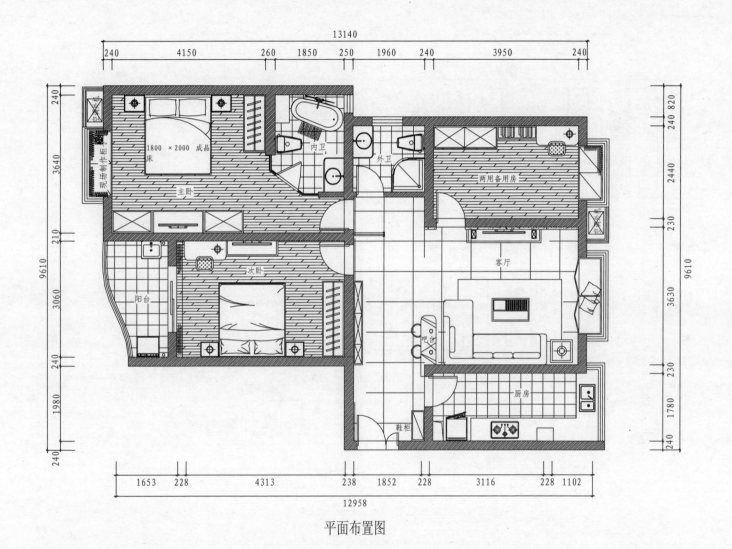

平面布置图

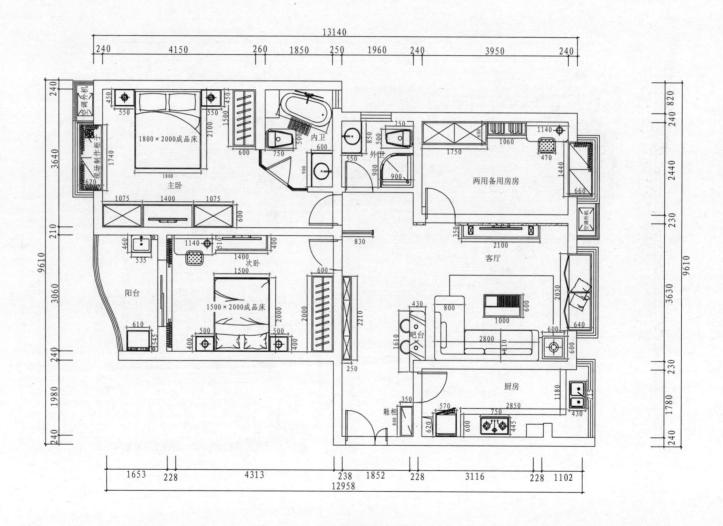

家具尺寸图

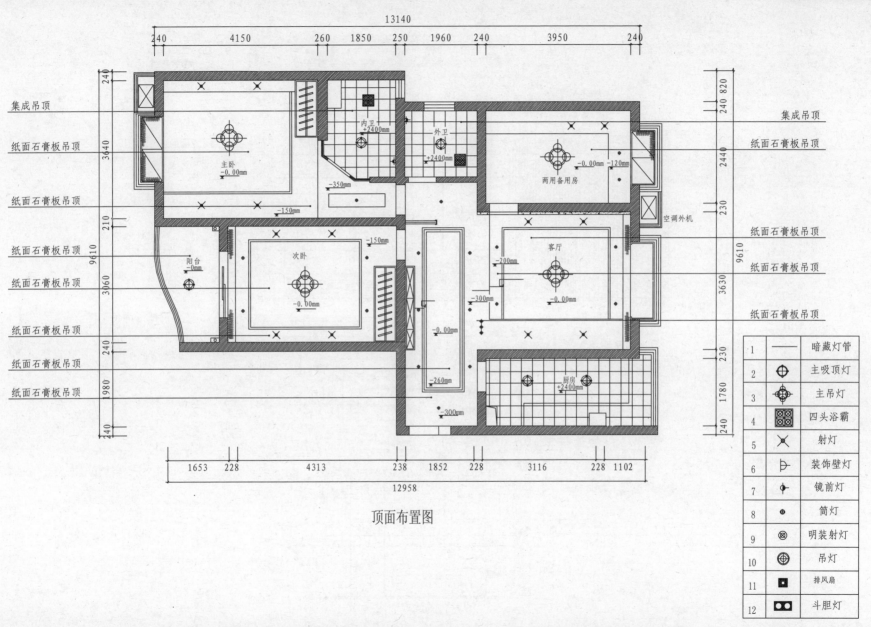

顶面布置图

1		暗藏灯管
2		主吸顶灯
3		主吊灯
4		四头浴霸
5		射灯
6		装饰壁灯
7		镜前灯
8		筒灯
9		明装射灯
10		吊灯
11		排风扇
12		斗胆灯

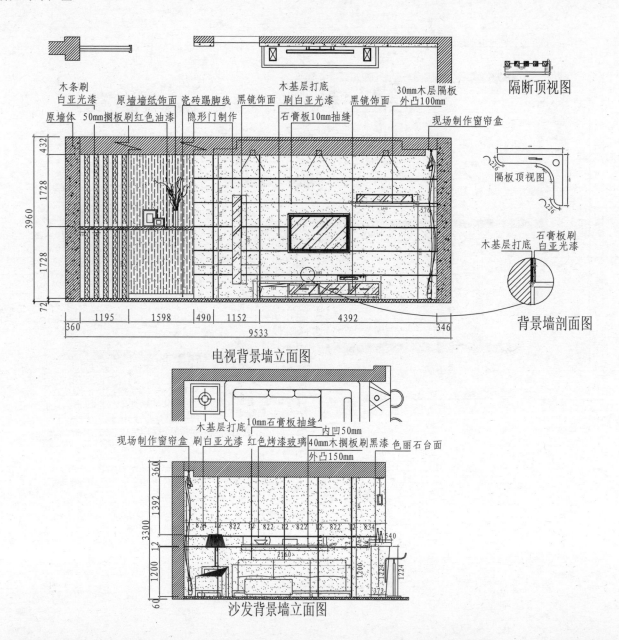

隔断顶视图

隔板顶视图

背景墙剖面图

木条刷白亚光漆
原墙体 50mm搁板刷红色油漆
原墙墙纸饰面
隐形门制作
瓷砖踢脚线
黑镜饰面
木基层打底刷白亚光漆
石膏板10mm抽缝
黑镜饰面
30mm木层隔板外凸100mm
现场制作窗帘盒
木基层打底 石膏板刷白亚光漆

电视背景墙立面图

木基层打底 10mm石膏板抽缝
现场制作窗帘盒 刷白亚光漆 红色烤漆玻璃
内凹50mm
40mm木搁板刷黑漆外凸150mm
色丽石台面

沙发背景墙立面图

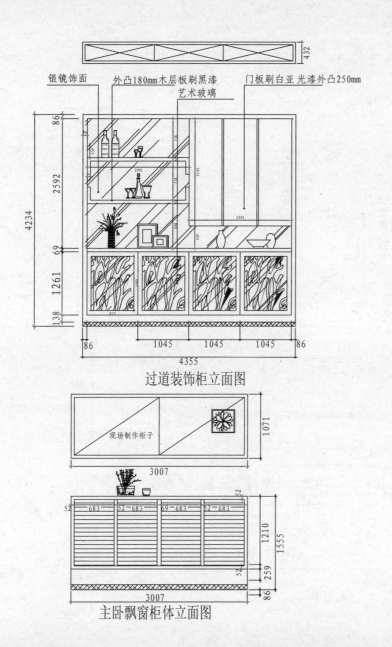

银镜饰面　外凸180mm木层板刷黑漆　门板刷白亚光漆外凸250mm
艺术玻璃

过道装饰柜立面图

主卧飘窗柜体立面图

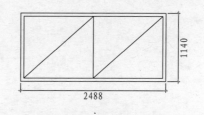

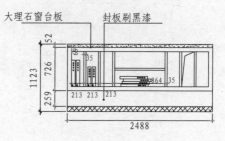

大理石窗台板　封板刷黑漆

备用房飘窗柜体立面图

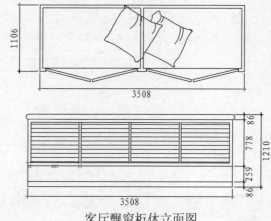

客厅飘窗柜体立面图

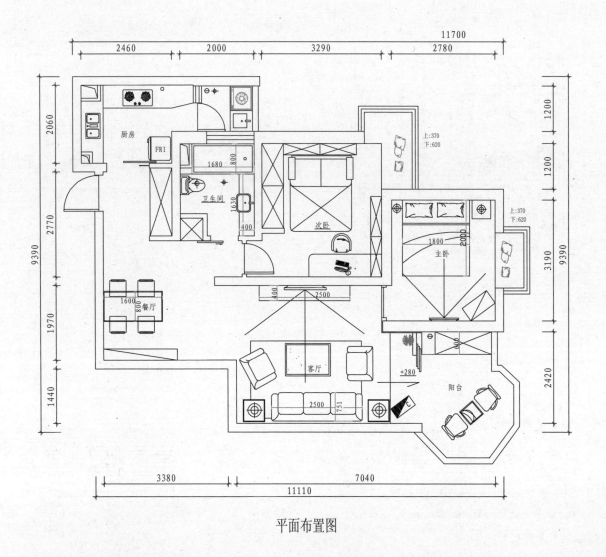

平面布置图

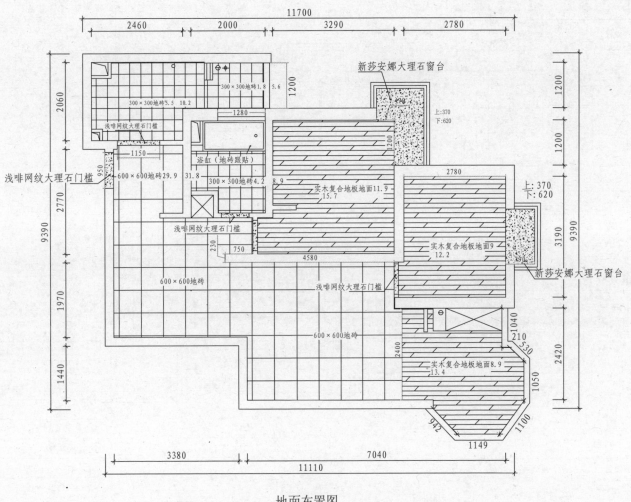

新莎安娜大理石窗台

上:370
下:620

上:370
下:620

新莎安娜大理石窗台

浅啡网纹大理石门槛

浅啡网纹大理石门槛

浅啡网纹大理石门槛

浅啡网纹大理石门槛

300×300地砖1.8　5.6
300×300地砖5.5　10.2
600×600地砖29.9　31.8
300×300地砖4.2　8.9
600×600地砖
600×600地砖
浴缸（地砖跟贴）
实木复合地板地面11.9　15.7
实木复合地板地面9　12.2
实木复合地板地面8.9　13.4

地面布置图

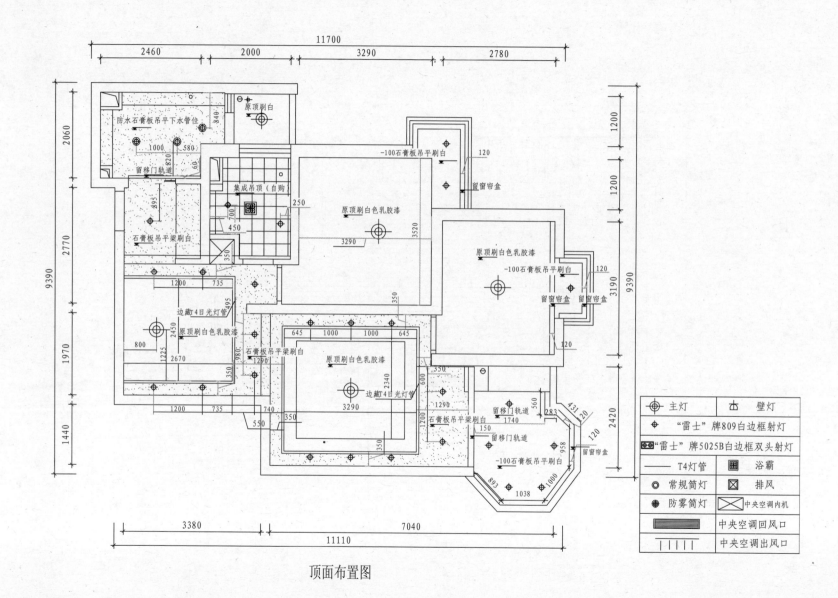

顶面布置图

⊕ 主灯	⚏ 壁灯
⬩ "雷士"牌809白边框射灯	
⊞⊞ "雷士"牌5025B白边框双头射灯	
— T4灯管	▦ 浴霸
◎ 常规筒灯	⊠ 排风
⊛ 防雾筒灯	⊠ 中央空调内机
▬ 中央空调回风口	
‖‖‖ 中央空调出风口	

图中文字：
原顶刷白
防水石膏板吊平下水管位
留移门轨道
集成吊顶（自购）
石膏板吊平梁刷白
边藏4日光灯管
原顶刷白色乳胶漆
-100石膏板吊平刷白
留窗帘盒
原顶刷白色乳胶漆

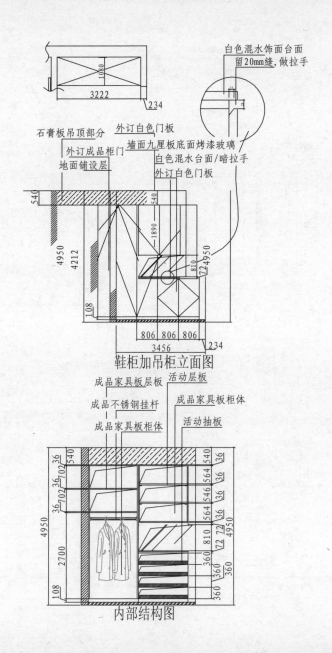

白色混水饰面台面
留20mm缝,做拉手

石膏板吊顶部分
外订白色门板
外订成品柜门
墙面九厘板底面烤漆玻璃
地面铺设层
白色混水台面/暗拉手
外订白色门板

鞋柜加吊柜立面图

成品家具板层板 活动层板
成品不锈钢挂杆 成品家具板柜体
成品家具板柜体 活动抽板

内部结构图

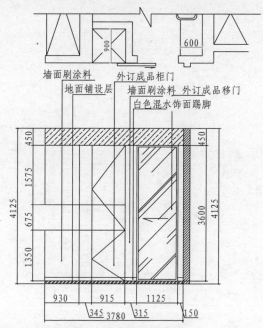

墙面刷涂料 外订成品柜门
地面铺设层 墙面刷涂料 外订成品移门
白色混水饰面踢脚

卫生间推拉门及储藏格立面图

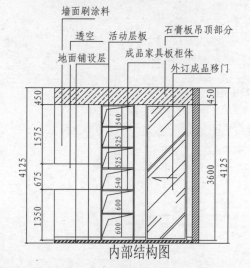

墙面刷涂料
透空 活动层板 石膏板吊顶部分
地面铺设层 成品家具板柜体
外订成品移门

内部结构图

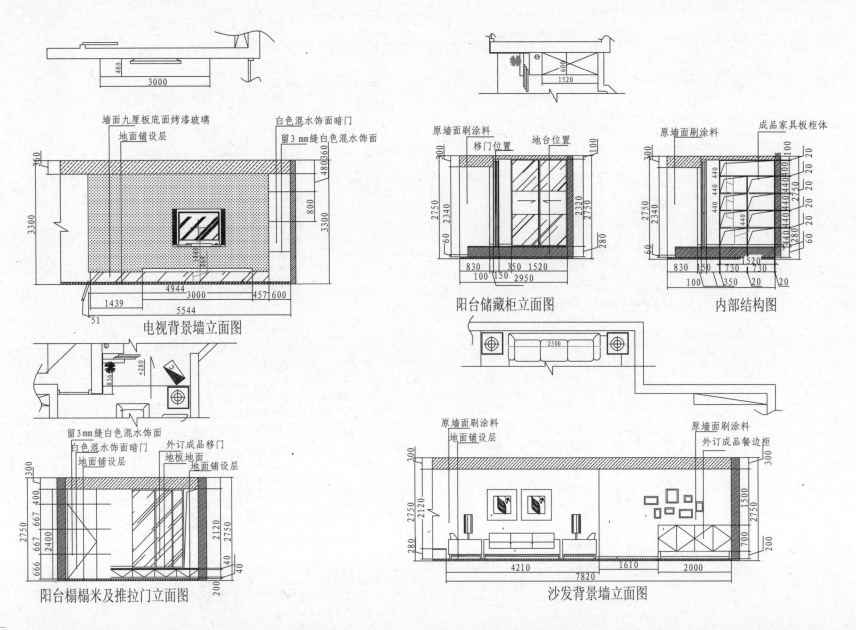

电视背景墙立面图

阳台储藏柜立面图

内部结构图

阳台榻榻米及推拉门立面图

沙发背景墙立面图

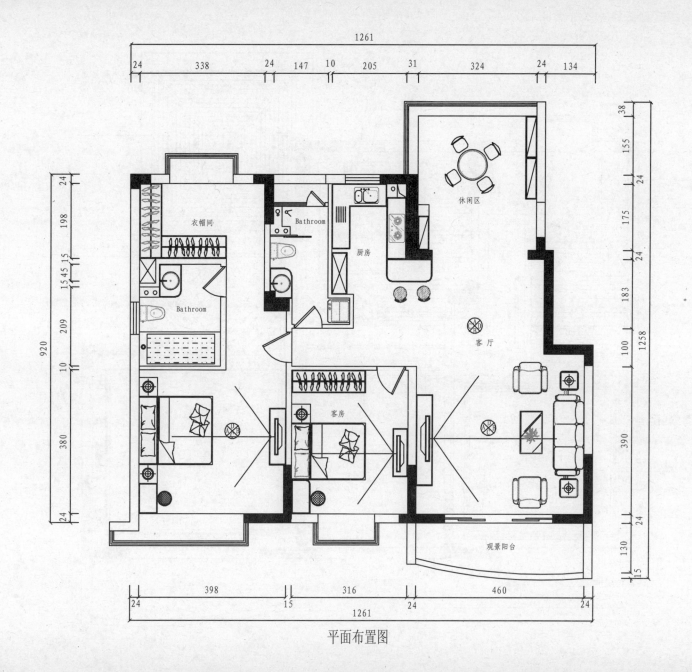

平面布置图

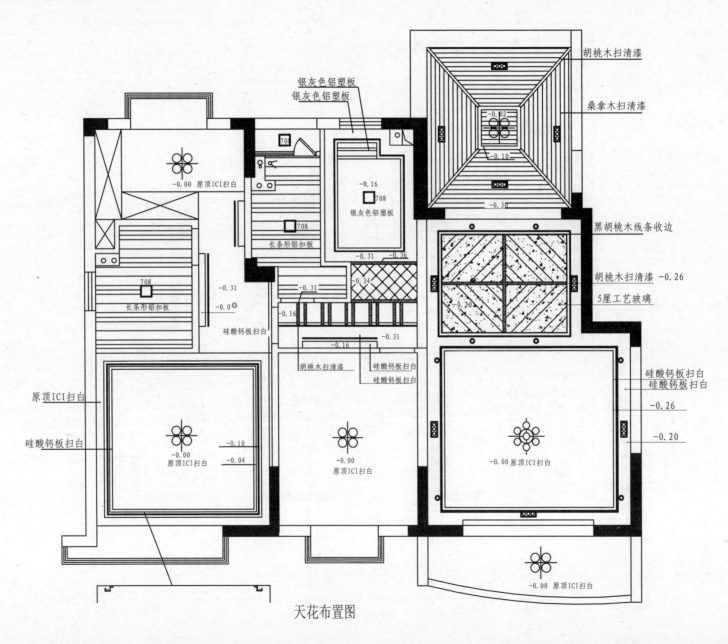

胡桃木扫清漆

桑拿木扫清漆

银灰色铝塑板
银灰色铝塑板

708

−0.00 原顶ICI扫白

−0.16

708

银灰色铝塑板

−0.02

−0.10

−0.30

黑胡桃木线条收边

708

长条形铝扣板

−0.31 −0.36

胡桃木扫清漆 −0.26

−0.34

5厘工艺玻璃

708

−0.31

−0.31

−0.31

−0.20

长条形铝扣板

−0.0

−0.16

硅酸钙板扫白

−0.16

−0.31

胡桃木扫清漆

−0.16

硅酸钙板扫白

硅酸钙板扫白

硅酸钙板扫白
硅酸钙板扫白

原顶ICI扫白

−0.26

硅酸钙板扫白

−0.10

−0.20

−0.00
原顶ICI扫白

−0.04

−0.00
原顶ICI扫白

−0.00 原顶ICI扫白

−0.00 原顶ICI扫白

天花布置图

1-踢脚线	2-黑胡桃百叶门	3-黑胡桃饰面
4-300×600仿古砖	5-黑胡桃木饰面	6-原门位
7-桑拿板饰面	8-地脚线	9-5厘高级水银镜装饰
10-银镜磨黑砂	11-胡桃木饰面	12-胡桃木饰面
13-5厘工艺玻璃	14-原墙扫白	15-艺术画
16-射灯位	17-9厘石膏板	18-天花隔空

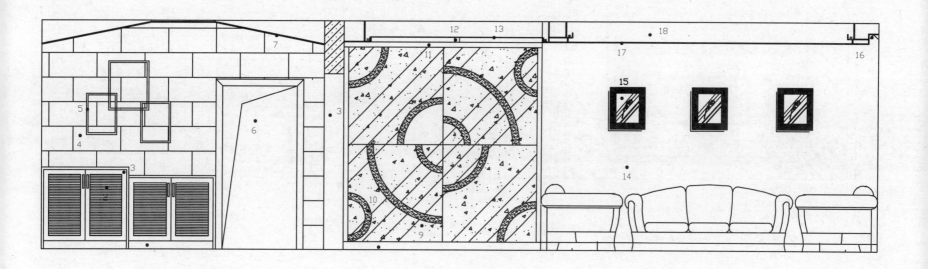

客厅立面图(一)

1-爵士白大理石外凸5厘米	2-黑胡桃饰面	3-不锈钢饰面外凸8厘米
4-原墙贴5厘黑色聚晶玻璃	5-42寸液晶电视	6-不锈钢饰面
7-天花隔空	8-哑面砂钢条	9-胡桃木饰面
10-原墙扫白	11-地脚线	12-5厘灰镜拼贴
13-胡桃木饰面	14-5厘工艺玻璃	15-水晶珠对半切无影胶粘贴
16-胡桃木饰面	17-双开门冰箱	18-150×150仿古砖斜贴
19-黑色UV烤漆饰面	20-黑胡桃木饰面	21-300×600仿古砖
22-桑拿板饰面	23-物业指定铝合金窗	

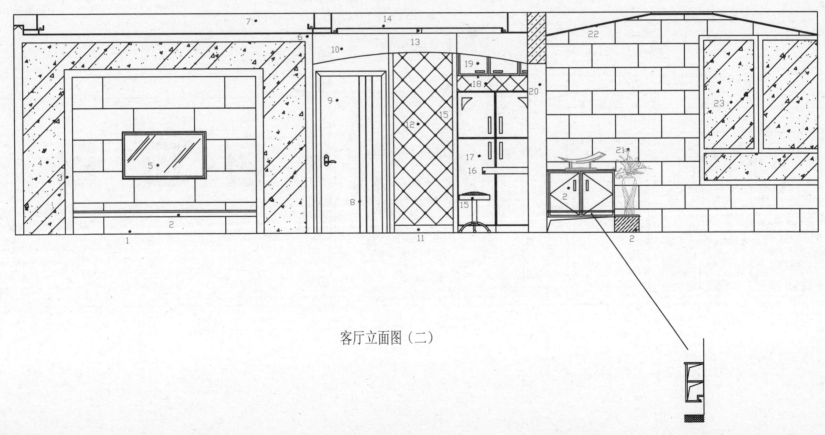

客厅立面图（二）

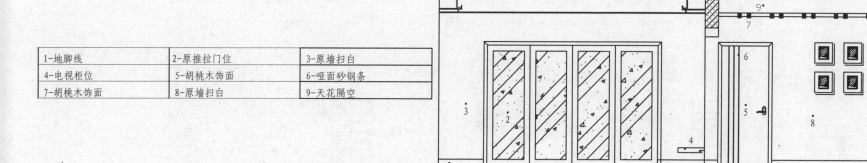

1-地脚线	2-原推拉门位	3-原墙扫白
4-电视柜位	5-胡桃木饰面	6-哑面砂钢条
7-胡桃木饰面	8-原墙扫白	9-天花隔空

客厅立面图（三）

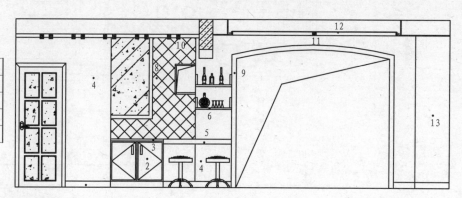

1-地脚线	2-黑色UV烤漆饰面	3-白色人造石台面
4-原墙扫白	5-胡桃木饰面	6-胡桃木饰面
7-仿胡桃木纹塑钢门	8-150×150仿古砖斜贴	9-胡桃木饰面
10-胡桃木饰面	11-胡桃木饰面	12-5厘工艺玻璃
13-原墙扫白		

客厅立面图（四）

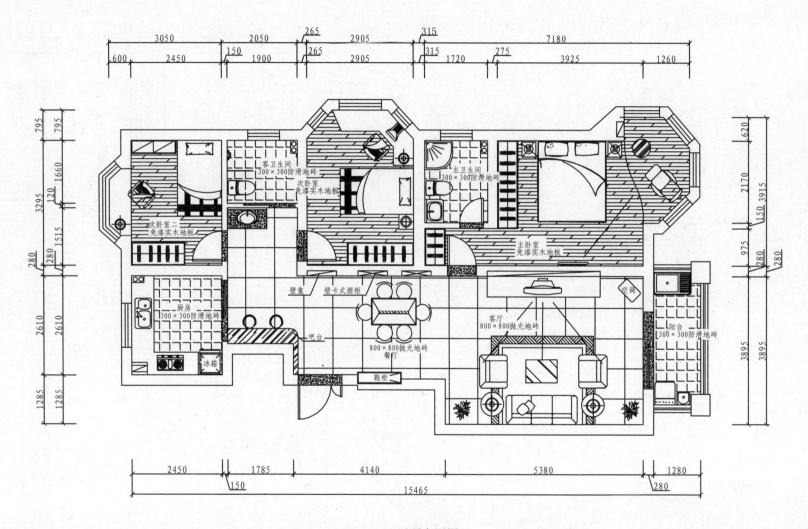

平面布置图

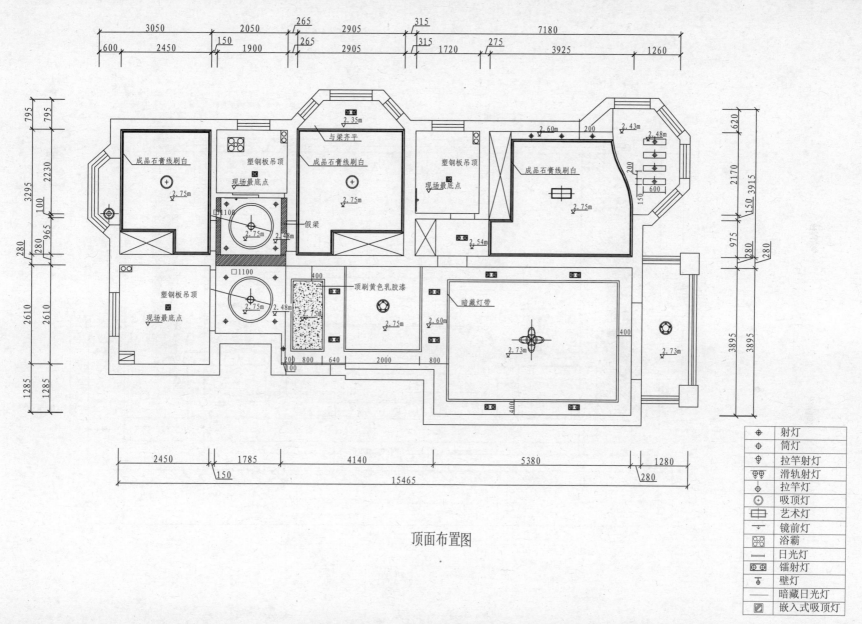

顶面布置图

⊕	射灯
⊕	筒灯
⊕	拉竿射灯
⊕⊕	滑轨射灯
⊕	拉竿灯
⊙	吸顶灯
▭	艺术灯
▽	镜前灯
▦	浴霸
—	日光灯
▦	镭射灯
▼	壁灯
—	暗藏日光灯
▨	嵌入式吸顶灯

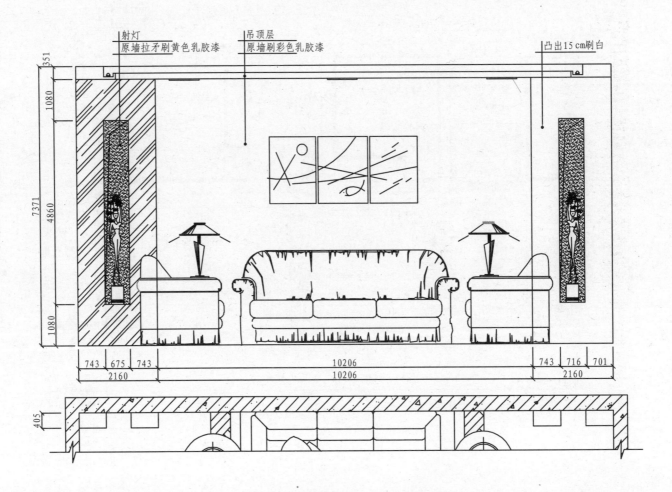

沙发背景墙施工图

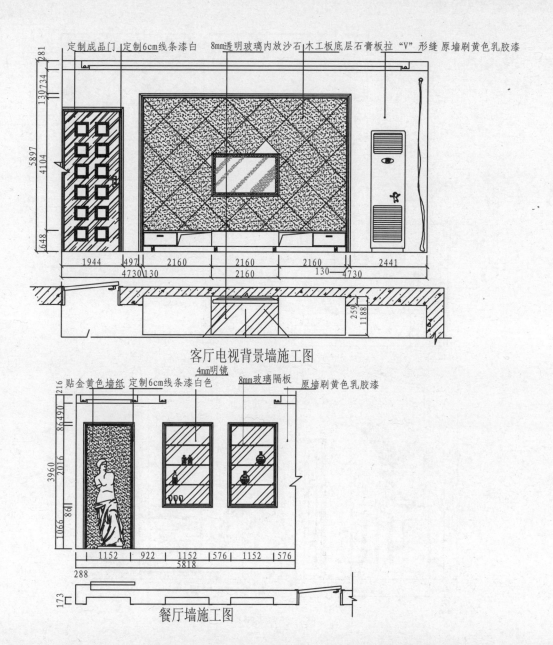

定制成品门 定制6cm线条漆白 8mm透明玻璃内放沙石 木工板底层石膏板拉 "V" 形缝 原墙刷黄色乳胶漆

客厅电视背景墙施工图

4mm明镜

贴金黄色墙纸 定制6cm线条漆白色 8mm玻璃隔板 原墙刷黄色乳胶漆

餐厅墙施工图

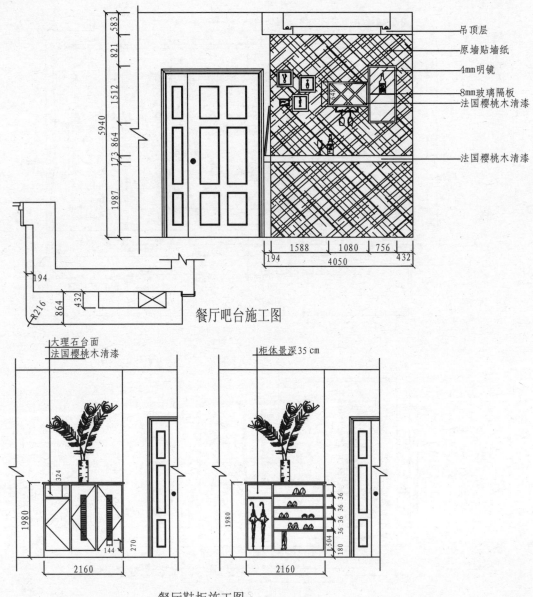

吊顶层

原墙贴墙纸

4mm明镜

8mm玻璃隔板
法国樱桃木清漆

法国樱桃木清漆

583
821
1512
864
173
1987

5940

194
1588
1080
756
432
4050

餐厅吧台施工图

大理石台面
法国樱桃木清漆

柜体景深35cm

324
1980
270
144
2160

1980
504
180
36 36 36
36
2160

餐厅鞋柜施工图

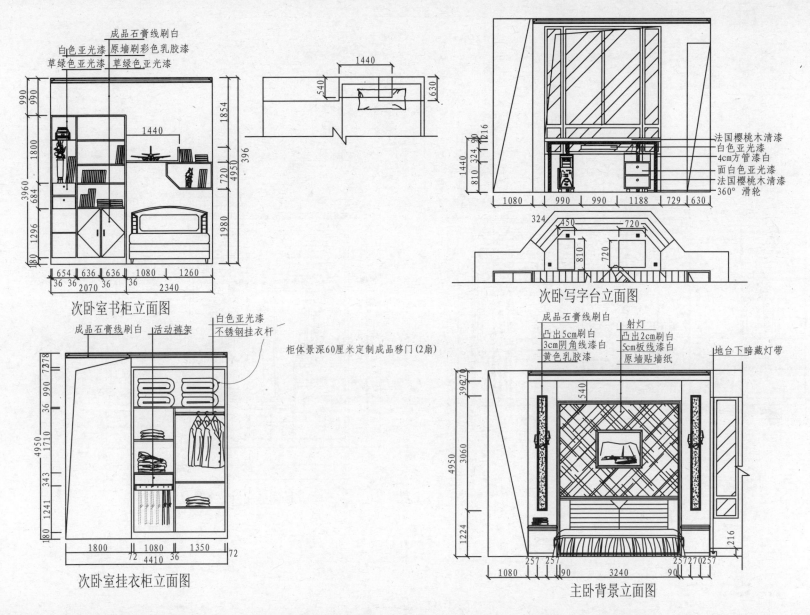

成品石膏线刷白
白色亚光漆 原墙刷彩色乳胶漆
草绿色亚光漆 草绿色亚光漆

次卧室书柜立面图

次卧写字台立面图

法国樱桃木清漆
白色亚光漆
4cm方管漆白
面白色亚光漆
法国樱桃木清漆
360° 滑轮

成品石膏线刷白 活动裤架 白色亚光漆
不锈钢挂衣杆

柜体景深60厘米定制成品移门(2扇)

次卧室挂衣柜立面图

成品石膏线刷白 射灯
凸出5cm刷白 凸出2cm刷白
3cm阴角线漆白 5cm板线漆白
黄色乳胶漆 原墙贴墙纸

地台下暗藏灯带

主卧背景立面图

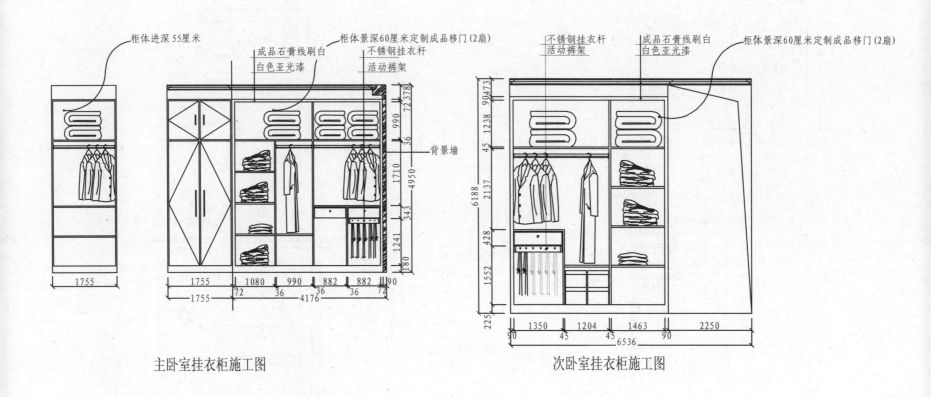

柜体进深55厘米

成品石膏线刷白
白色亚光漆

柜体景深60厘米定制成品移门(2扇)
不锈钢挂衣杆
活动裤架

不锈钢挂衣杆
活动裤架

成品石膏线刷白
白色亚光漆

柜体景深60厘米定制成品移门(2扇)

背景墙

1755

1755   1080   990   882   882   90
72   36   36   36   72
1755
4176

主卧室挂衣柜施工图

1350   1204   1463   2250
90   45   45   90
6536

次卧室挂衣柜施工图

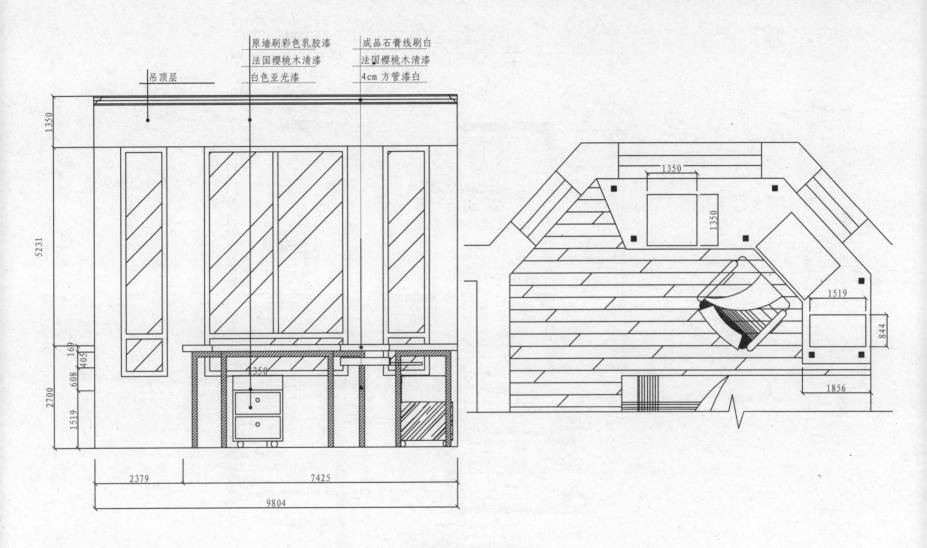

原墙刷彩色乳胶漆　成品石膏线刷白
法国樱桃木清漆　　法国樱桃木清漆
吊顶层　　白色亚光漆　　4cm 方管漆白

次卧室写字台立面图

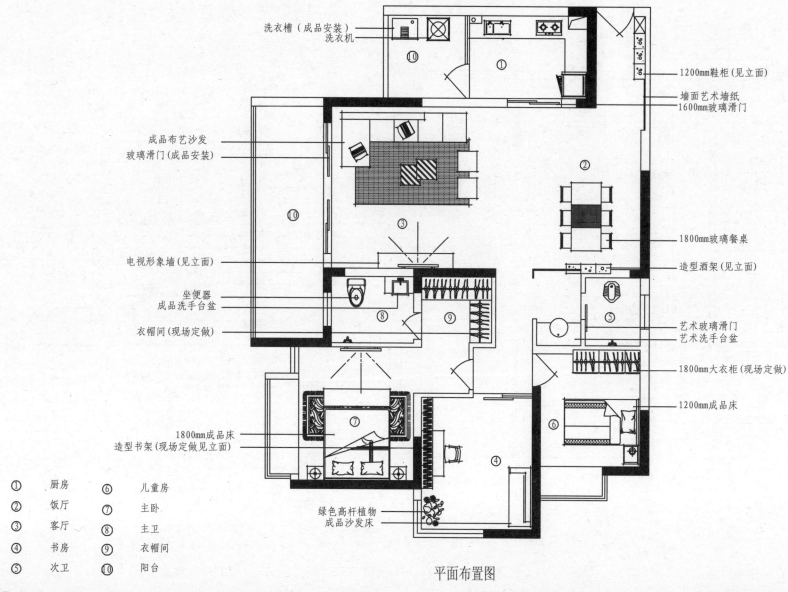

洗衣槽（成品安装）
洗衣机

1200mm鞋柜（见立面）

墙面艺术墙纸
1600mm玻璃滑门

成品布艺沙发
玻璃滑门（成品安装）

1800mm玻璃餐桌

造型酒架（见立面）

电视形象墙（见立面）

坐便器
成品洗手台盆

衣帽间（现场定做）

艺术玻璃滑门
艺术洗手台盆

1800mm大衣柜（现场定做）

1200mm成品床

1800mm成品床
造型书架(现场定做见立面)

绿色高杆植物
成品沙发床

①	厨房	⑥	儿童房
②	饭厅	⑦	主卧
③	客厅	⑧	主卫
④	书房	⑨	衣帽间
⑤	次卫	⑩	阳台

平面布置图

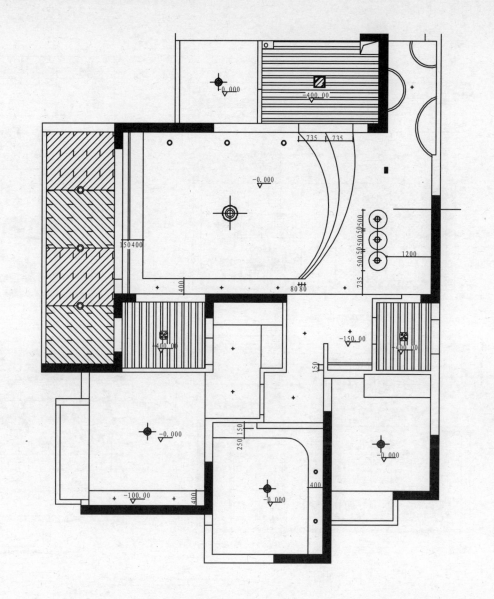

浴霸
装饰吸顶灯
餐厅装饰吊灯
射灯
漫反射
豆胆灯（单头　双头）
厨房专用灯
明装射灯（白色）

天花造型图及尺寸图

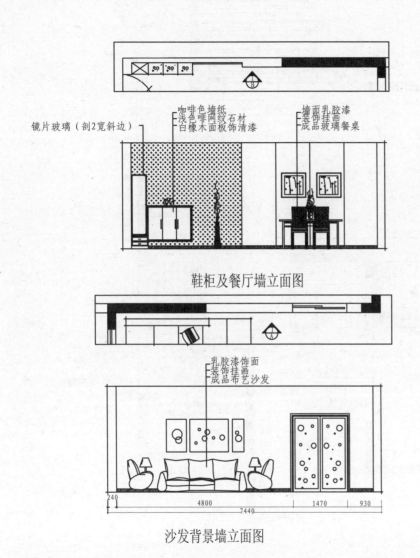

镜片玻璃（剖2宽斜边）

咖啡色墙纸
浅色啡网纹石材
白橡木面板饰清漆

墙面乳胶漆
装饰挂画
成品玻璃餐桌

鞋柜及餐厅墙立面图

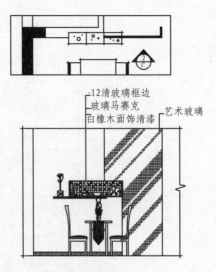

12清玻璃框边
玻璃马赛克
白橡木面饰清漆

艺术玻璃

造型酒架立面图

乳胶漆饰面
装饰挂画
成品布艺沙发

240

4800

1470   930

7440

沙发背景墙立面图

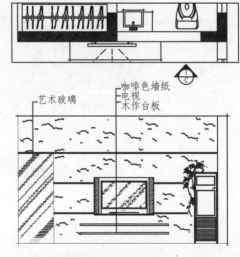

艺术玻璃

咖啡色墙纸
电视
木作台板

电视造型墙立面图

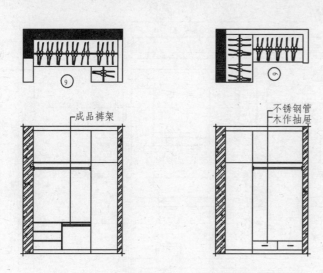

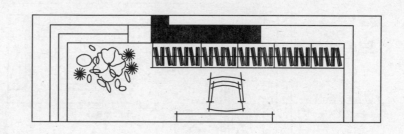

主卧室衣柜立面图

成品裤架

不锈钢管
木作抽屉

不锈钢管
成品裤架　木作抽屉

儿童房衣柜立面图

叠层布艺窗帘
绿色高杆植物

黄色反光灯带
12厘清玻璃台板
不锈钢拉手

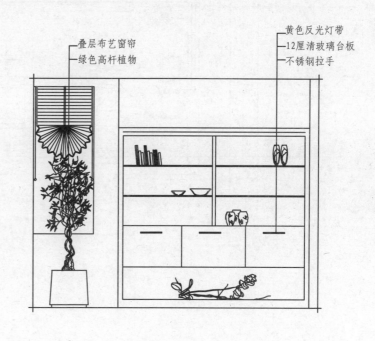

造型书架立面图

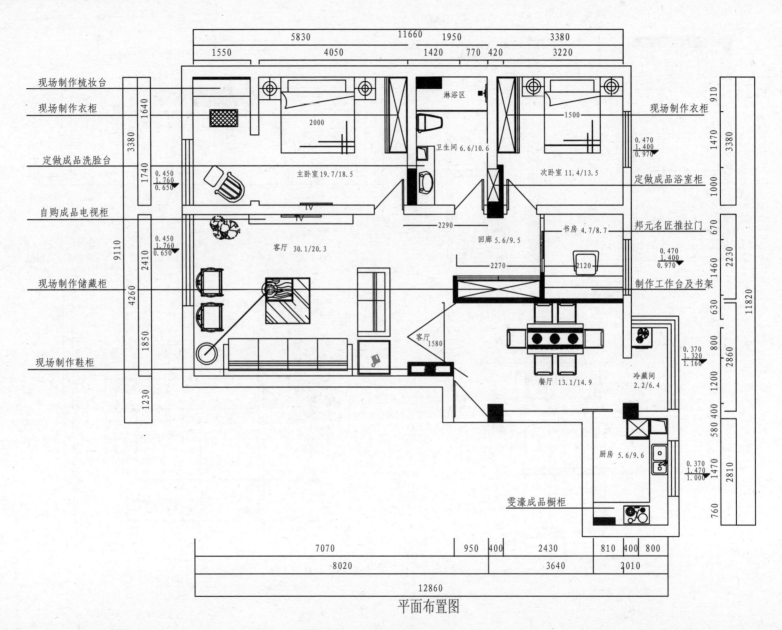

现场制作梳妆台

现场制作衣柜

定做成品洗脸台

自购成品电视柜

现场制作储藏柜

现场制作鞋柜

5830　　　　11660　　1950　　　3380
1550　　　4050　　1420　770　420　　3220

1640
3380
1740
0.450
1.760
0.650

淋浴区

现场制作衣柜

910
1470
3380

0.470
1.400
0.970

1500

卫生间 6.6/10.6

主卧室 19.7/18.5

2000

定做成品浴室柜

次卧室 11.4/13.5

1000

9110
2410
0.450
1.760
0.650

2290

回廊 5.6/9.5

书房 4.7/8.7

邦元名匠推拉门

670
2230

0.470
1.400
0.970
1460

4260
1850

2270

2120

制作工作台及书架

630

客厅 30.1/20.3

客厅
1580

11820

0.370
1.320
1.160

800
2860

餐厅 13.1/14.9

冷藏间
2.2/6.4

1200

1230

580 400

0.370
1.470
1.000

1470
2810

厨房 5.6/9.6

雯濠成品橱柜

760

7070　　　950 400　　2430　　810 400 800
8020　　　　　3640　　2010
12860

平面布置图

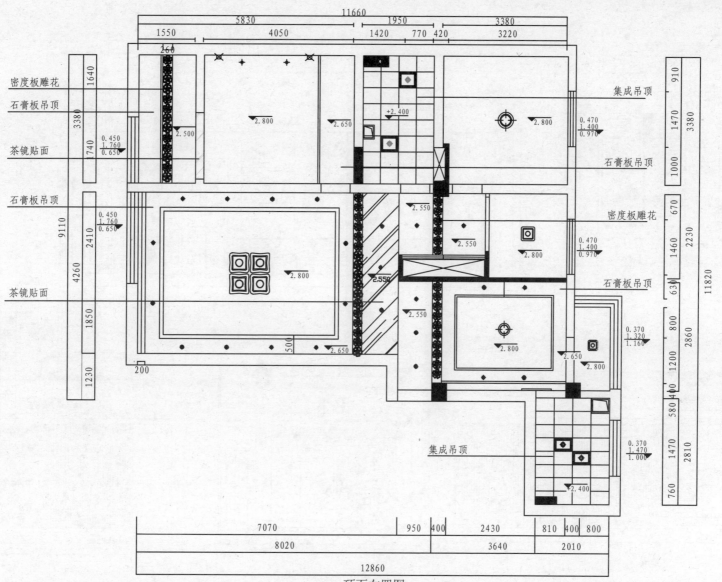

顶面布置图

密度板雕花
石膏板吊顶
茶镜贴面
石膏板吊顶
茶镜贴面

集成吊顶
石膏板吊顶
密度板雕花
石膏板吊顶
集成吊顶

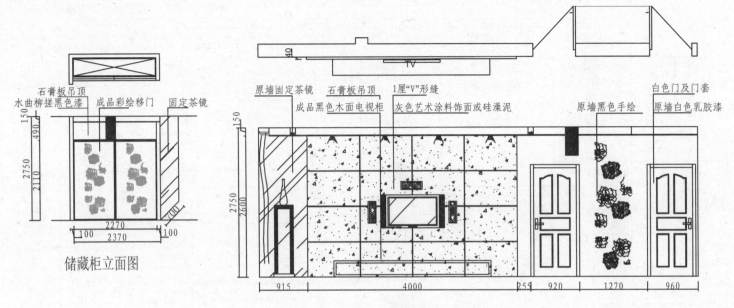

石膏板吊顶
水曲柳搓黑色漆
成品彩绘移门
固定茶镜

储藏柜立面图

原墙固定茶镜
石膏板吊顶
1厘"V"形缝
白色门及门套
成品黑色木面电视柜
灰色艺术涂料饰面或硅澡泥
原墙黑色手绘
原墙白色乳胶漆

电视背景墙立面图

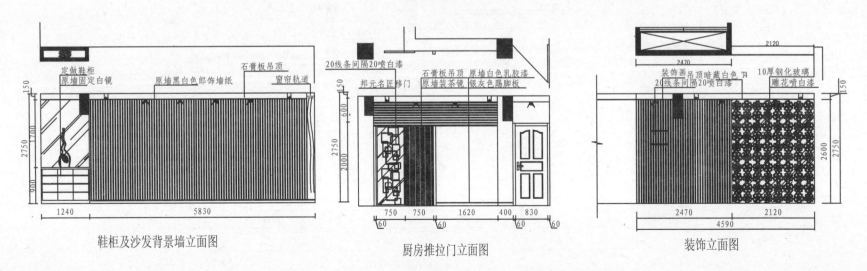

定做鞋柜
原墙固定白镜
石膏板吊顶
原墙黑白色郎饰墙纸
窗帘轨道

鞋柜及沙发背景墙立面图

20线条间隔20喷白漆
石膏板吊顶　原墙白色乳胶漆
邦元名匠移门
原墙装茶镜
银灰色踢脚板

厨房推拉门立面图

装饰画吊顶暗藏白色 T4
20线条间隔20喷白漆
10厚钢化玻璃
雕花喷白漆

装饰立面图

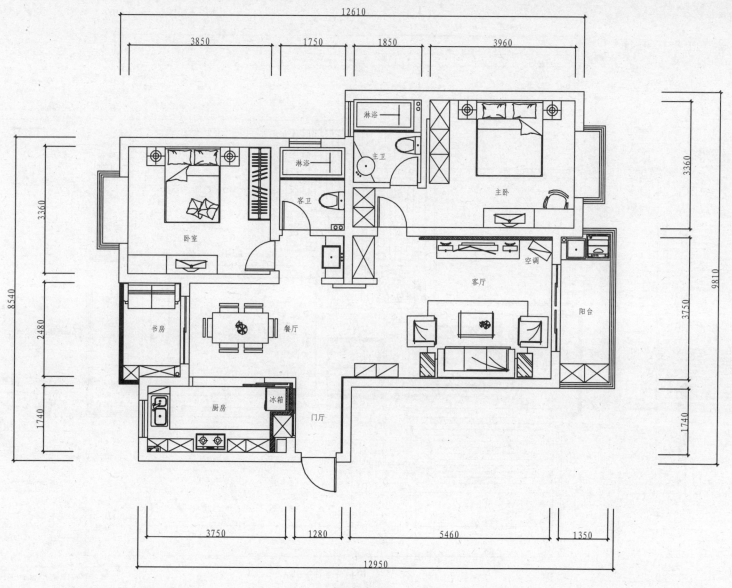

平面布置图

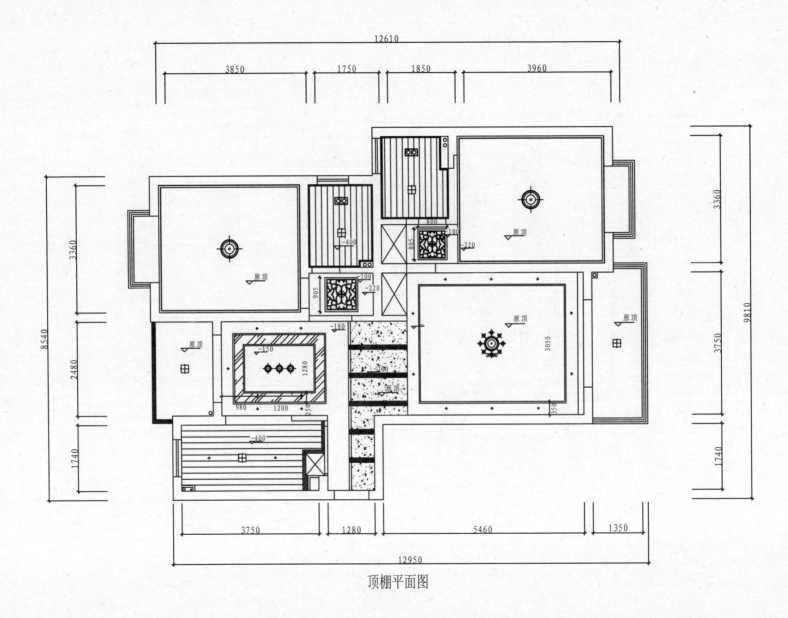

顶棚平面图

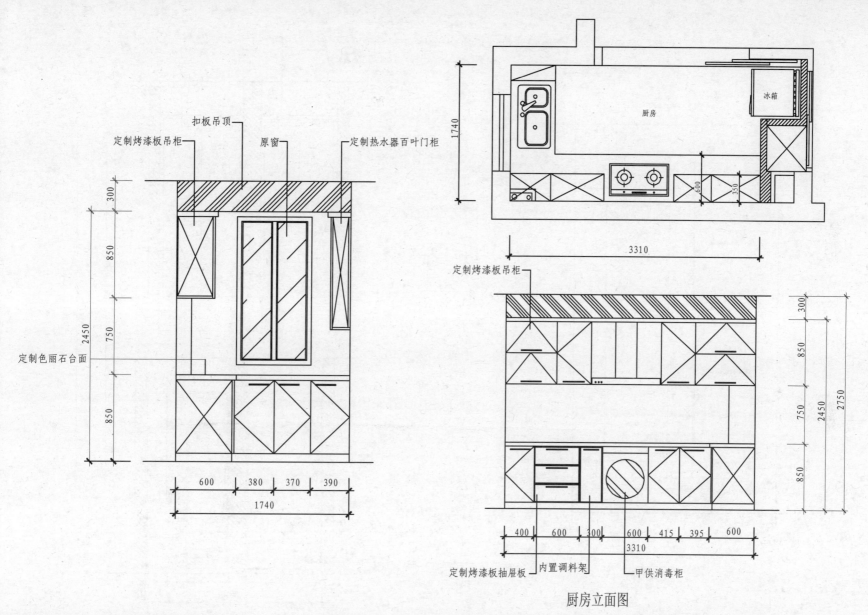

扣板吊顶
定制烤漆板吊柜
原窗
定制热水器百叶门柜

300
850
750
2450
850

定制色丽石台面

600　380　370　390
1740

冰箱
厨房

1740
3310
600　350

定制烤漆板吊柜

300
850
750
2450
2750
850

400　600　300　600　415　395　600
3310

定制烤漆板抽屉板　内置调料架　甲供消毒柜

厨房立面图

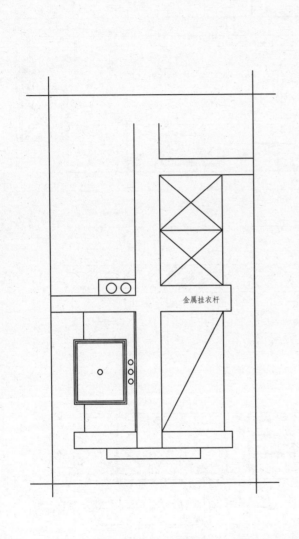

定制混水饰面门套线

乳胶漆饰面

定制轻质移门

450

2850

2400

50

1030

1120

2390

乳胶漆饰面

金属挂衣杆

搁物板

450

2850

2400

50

1030

1120

2390

储藏柜立面图

金属挂衣杆

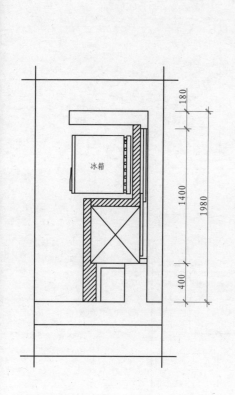

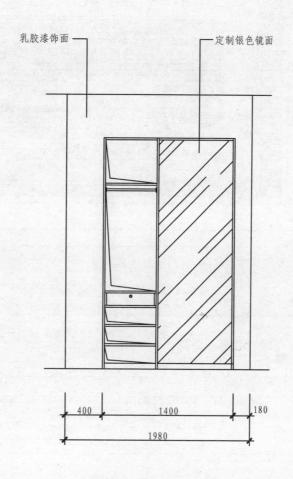

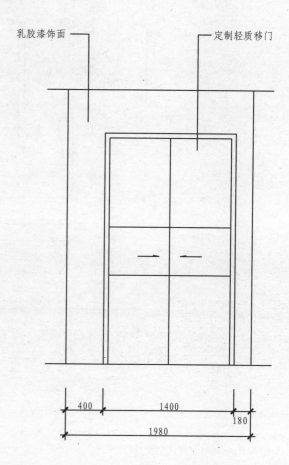

进门衣柜立面图

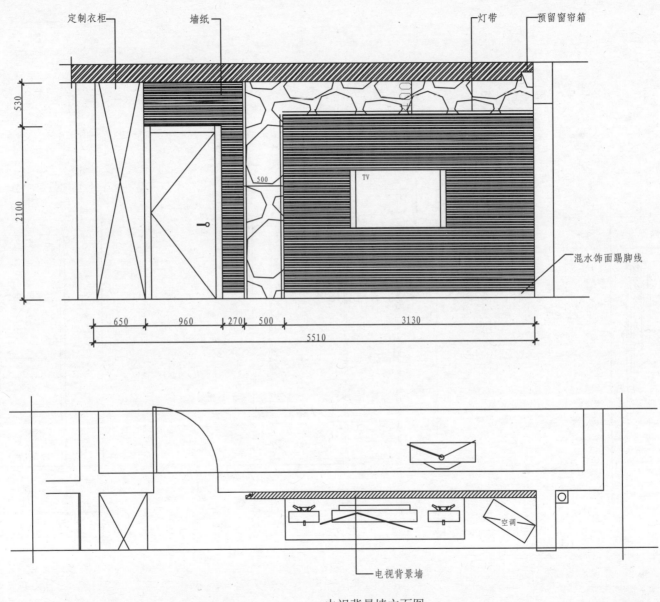

定制衣柜　墙纸　灯带　预留窗帘箱

530

2100

500

TV

混水饰面踢脚线

650　960　270　500　3130

5510

空调

电视背景墙

电视背景墙立面图

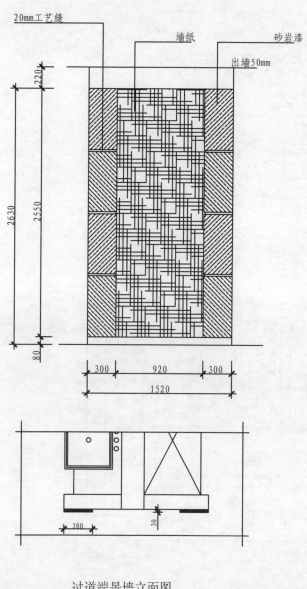

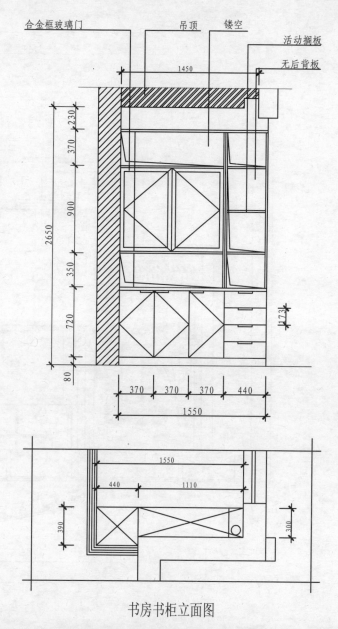

过道端景墙立面图

书房书柜立面图

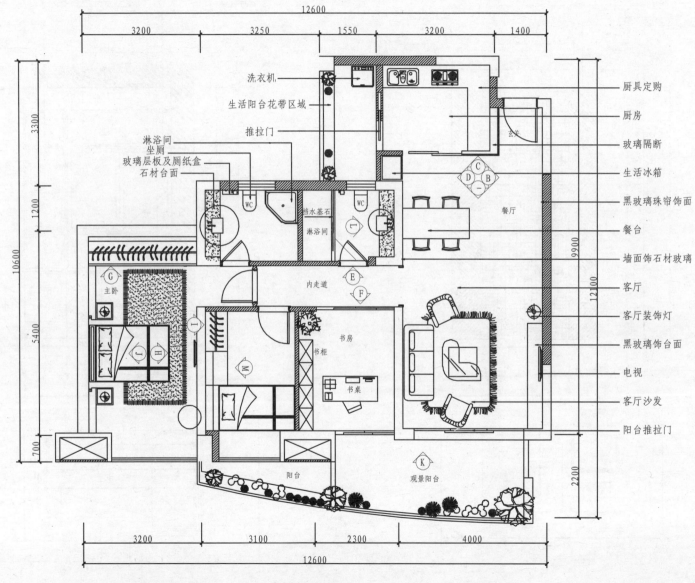

洗衣机
生活阳台花带区域
推拉门
淋浴间
坐厕
玻璃层板及厕纸盒
石材台面
挡水基石
淋浴间
WC
WC
主卧
G
内走道
E
F
书房
书柜
书桌
M
L
H
I
餐厅
D C
玄关
厨具定购
厨房
玻璃隔断
生活冰箱
黑玻璃珠帘饰面
餐台
墙面饰石材玻璃
客厅
客厅装饰灯
黑玻璃饰台面
电视
客厅沙发
阳台推拉门
K
阳台
观景阳台

12600
3200 3250 1550 3200 1400
3300
1200
10600
5400
700
9900
12100
2200

3200 3100 2300 4000
12600

平面布置图

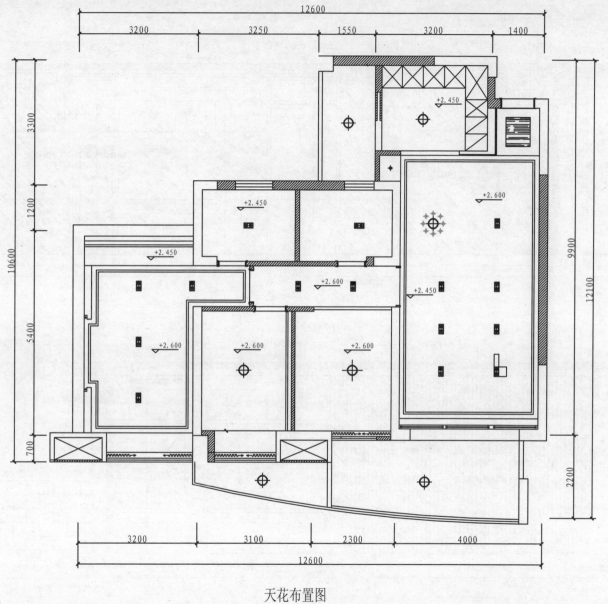

天花布置图

图例	名称
✻	艺术吊灯
■	双孔斗胆石英灯
⊕	吸顶灯
—	灯带
▬	镜前灯
◆	石英灯

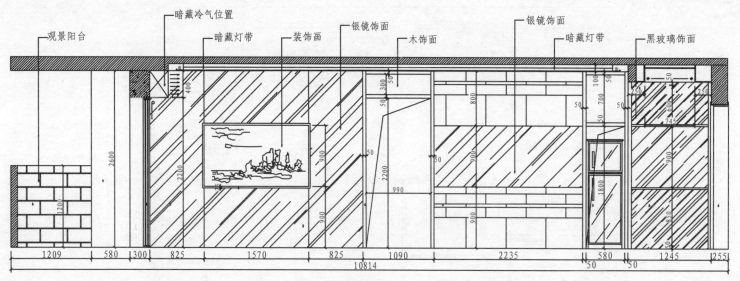

D立面图

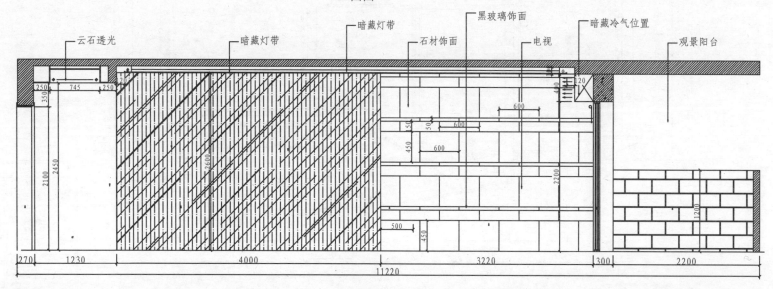

B立面图

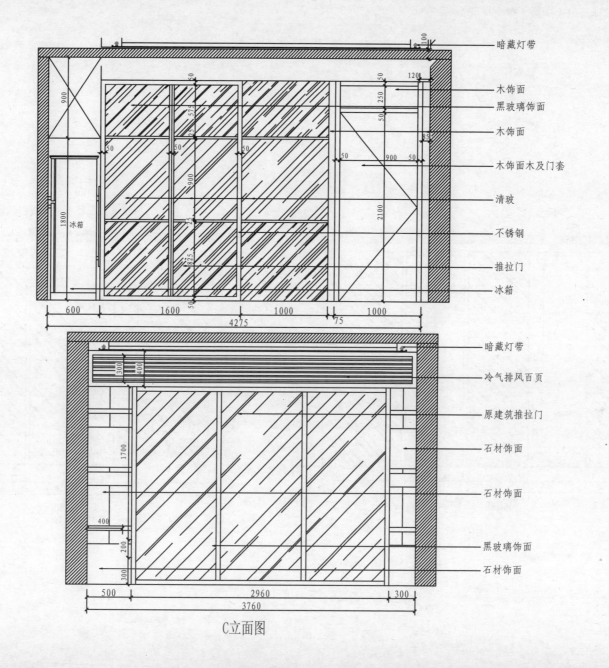

暗藏灯带

木饰面

黑玻璃饰面

木饰面

木饰面木及门套

清玻

不锈钢

推拉门

冰箱

暗藏灯带

冷气排风百页

原建筑推拉门

石材饰面

石材饰面

黑玻璃饰面

石材饰面

C立面图

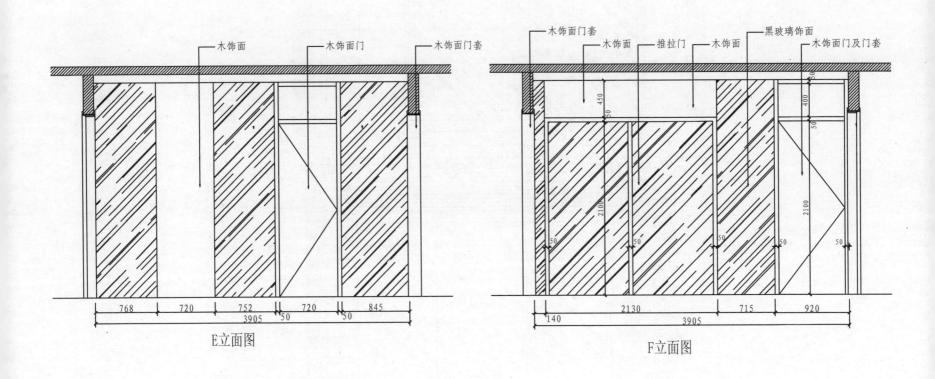

木饰面　　木饰面门　　木饰面门套

768　720　752　720　845
50　　50
3905

E立面图

木饰面门套　木饰面　推拉门　木饰面　黑玻璃饰面　木饰面门及门套

450　50　　2100　　50　50　50　　400　50　2100　50

140　　2130　　715　920
3905

F立面图

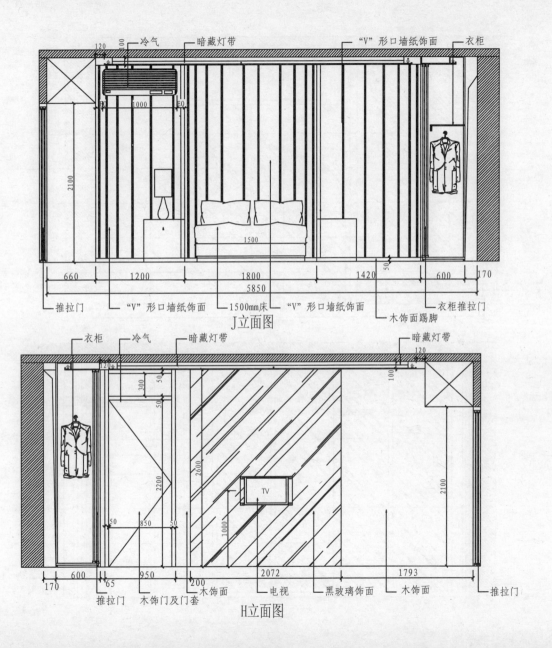

J立面图

H立面图

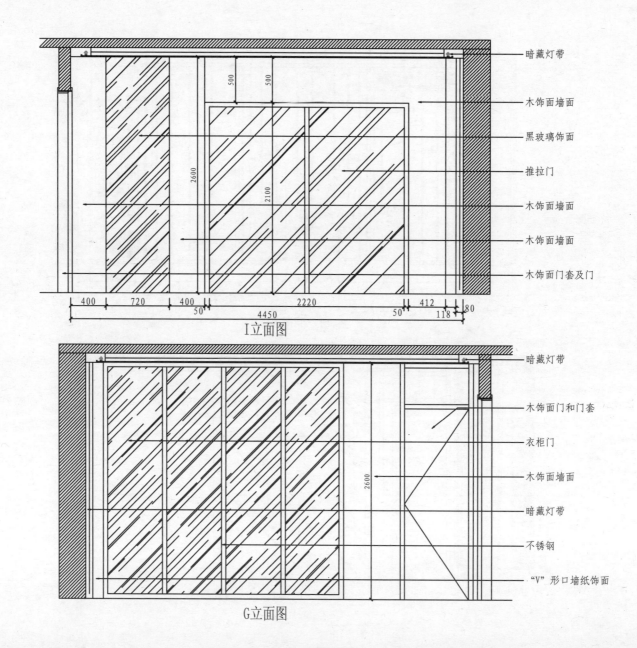

暗藏灯带

木饰面墙面

黑玻璃饰面

推拉门

木饰面墙面

木饰面墙面

木饰面门套及门

I立面图

暗藏灯带

木饰面门和门套

衣柜门

木饰面墙面

暗藏灯带

不锈钢

"V"形口墙纸饰面

G立面图

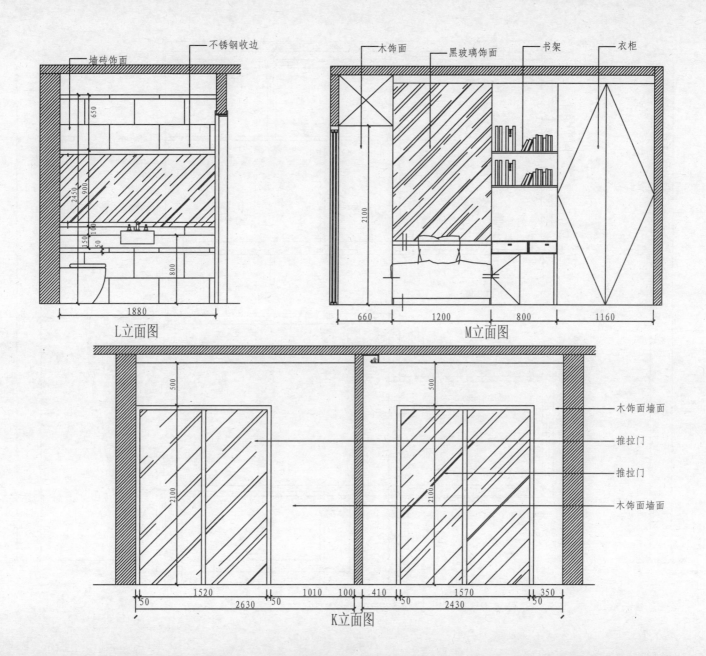

墙砖饰面   不锈钢收边

650

2450   900

150   150

800

1880

L立面图

木饰面   黑玻璃饰面   书架   衣柜

2100

660   1200   800   1160

M立面图

500   500

木饰面墙面

推拉门

2100   2100   推拉门

木饰面墙面

50   1520   1010   100   410   50   1570   350
2630   50   50   2430   50

K立面图

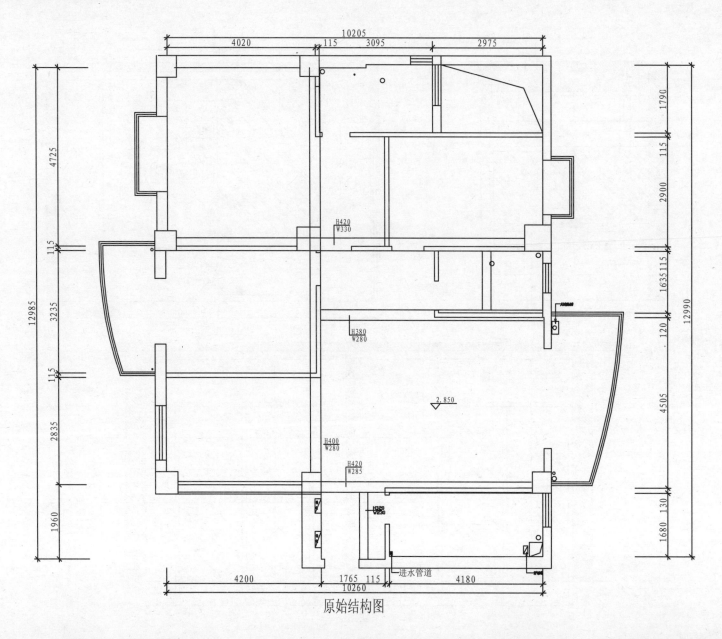

原始结构图

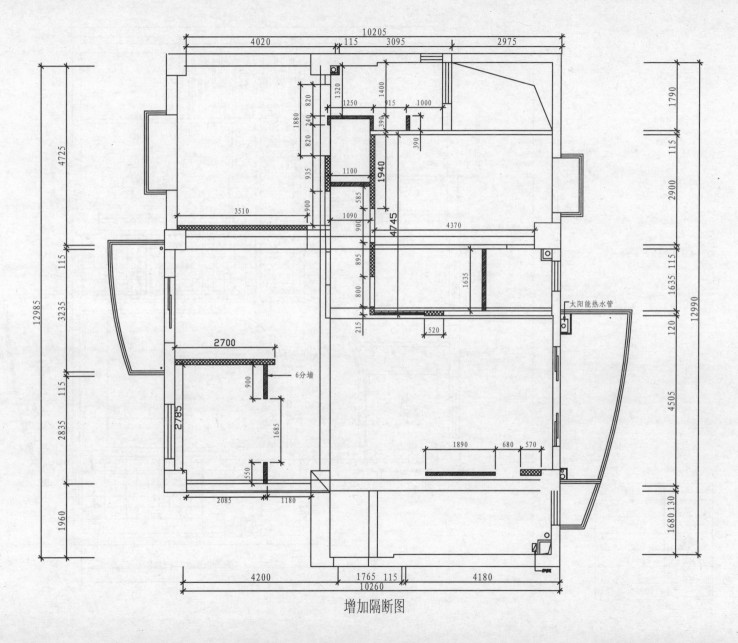

太阳能热水管

6分墙

增加隔断图

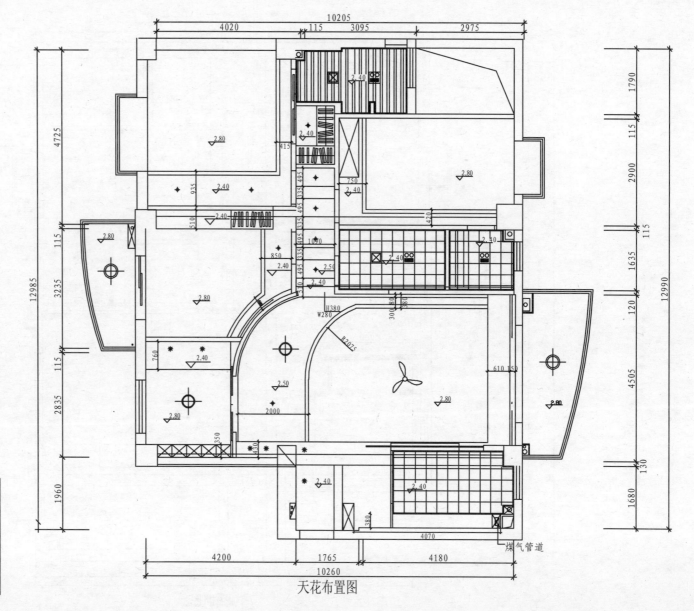

天花布置图

——	灯带
+	6寸筒灯
*	射灯
⊕	吊灯
浴霸	浴霸
⊠	排气扇
	1200×300格栅灯

煤气管道

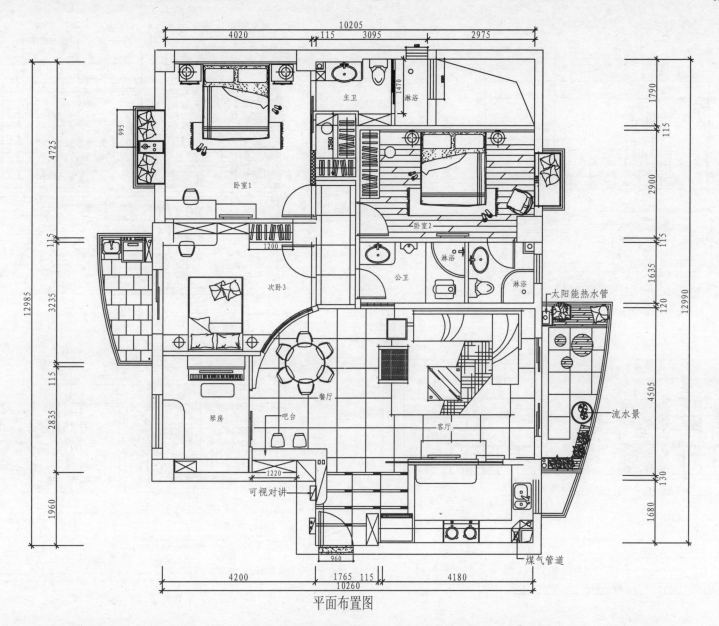

平面布置图

立邦漆（白色）
木作灯槽
玻璃砖墙
地砖踢脚线
成品装饰画
墙面贴墙纸

客厅沙发背景墙详图

墙面贴墙纸
银镜
对讲机
浅色木纹贴面
踢脚线
墙面贴墙纸
玻璃推拉门
木作门套线
墙面贴墙纸
玻璃砖墙

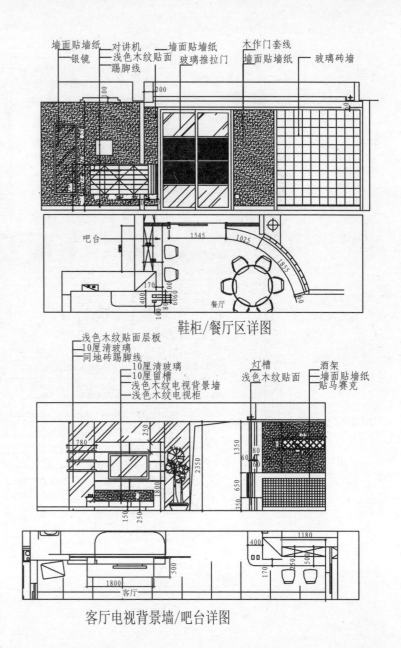

吧台
1545
1025
1855
餐厅

鞋柜/餐厅区详图

墙体刷白
木作层板
木作书桌
pvc踢脚线
木作吊柜
木作书柜
成品衣柜门 墙体刷白

次卧书柜立面图（一）

木作层板 木作吊柜
木作书桌 木作书柜
pvc踢脚线
成品衣柜门 墙体刷白

次卧书柜立面图（二）

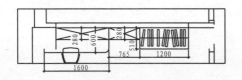

次卧书柜详图（三）

浅色木纹贴面层板
10厘石膏板
同地砖踢脚线
10厘清玻璃
10厘留槽
浅色木纹电视背景墙
浅色木纹电视柜
灯槽
浅色木纹贴面
酒架
墙面贴墙纸
贴马赛克

客厅电视背景墙/吧台详图

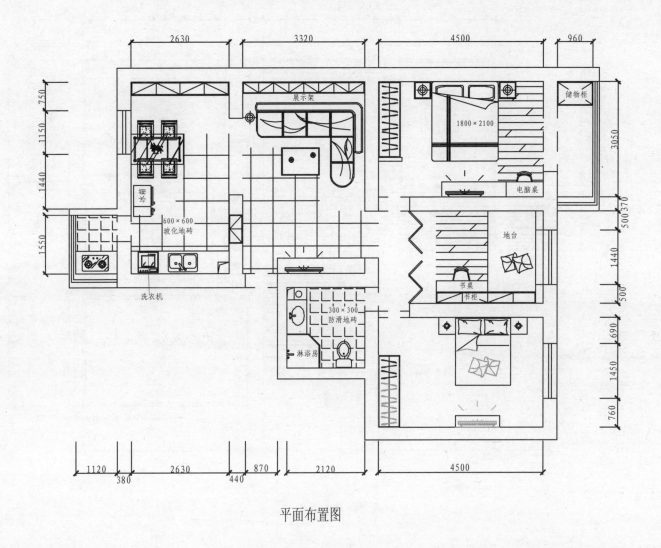

2630　　　3320　　　4500　　960

750

1150

1440

1550

展示架

1800×2100

储物柜

3050

电脑桌

500 370

地台

1440

600×600
玻化地砖

书桌

书柜

500

洗衣机

690

300×300
防滑地砖

1450

淋浴房

760

1120　　2630　　870　　2120　　4500
380　　　440

平面布置图

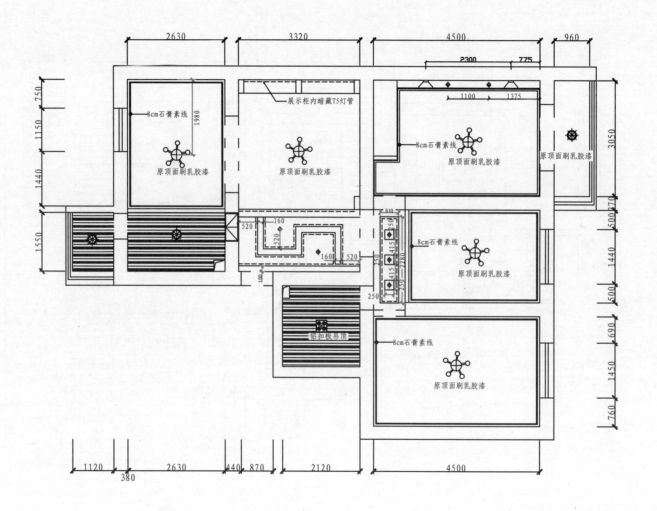

2630　　　3320　　　4500　　　960

2300　　775

750

1150

1440

8cm石膏素线

1980

原顶面刷乳胶漆

展示柜内暗藏T5灯管

原顶面刷乳胶漆

1100　1375

8cm石膏素线

原顶面刷乳胶漆

3050

原顶面刷乳胶漆

1550

510

160

520

520

160

520

250

415

415

250

750

2280

415

250

8cm石膏素线

原顶面刷乳胶漆

370

500

1440

500

690

铝扣板吊顶

150

8cm石膏素线

原顶面刷乳胶漆

1450

760

1120　　2630　　440 870　　2120　　4500

380

顶面灯具布置图

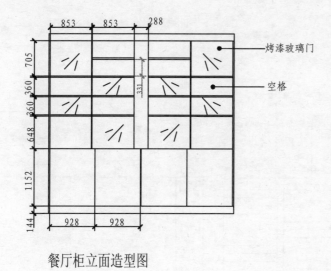

烤漆玻璃门

空格

餐厅柜立面造型图

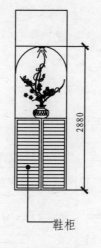

鞋柜

玄关柜立面造型图

储物柜立面造型图

书桌柜立面造型图

小会客厅窗台立面造型图

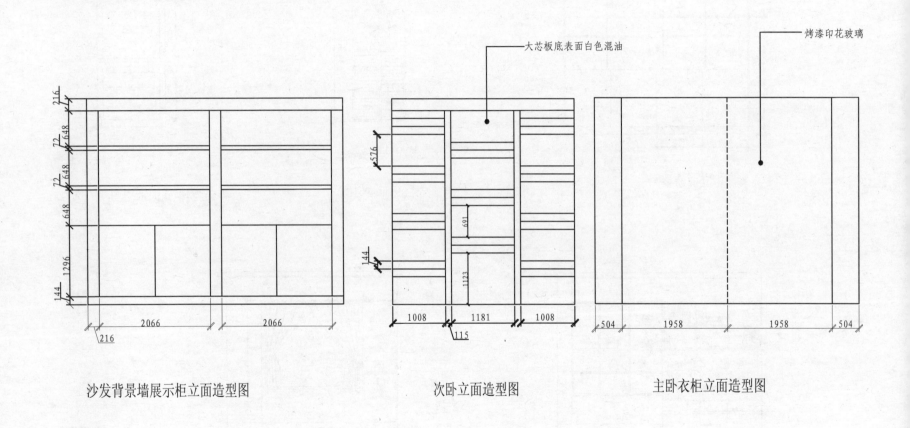

大芯板底表面白色混油

烤漆印花玻璃

沙发背景墙展示柜立面造型图　　　　　次卧立面造型图　　　　　主卧衣柜立面造型图

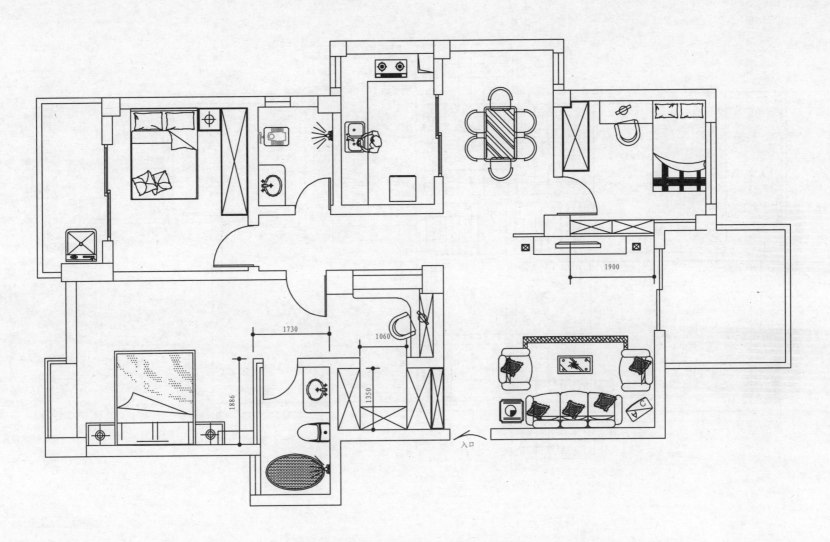

平面布置图

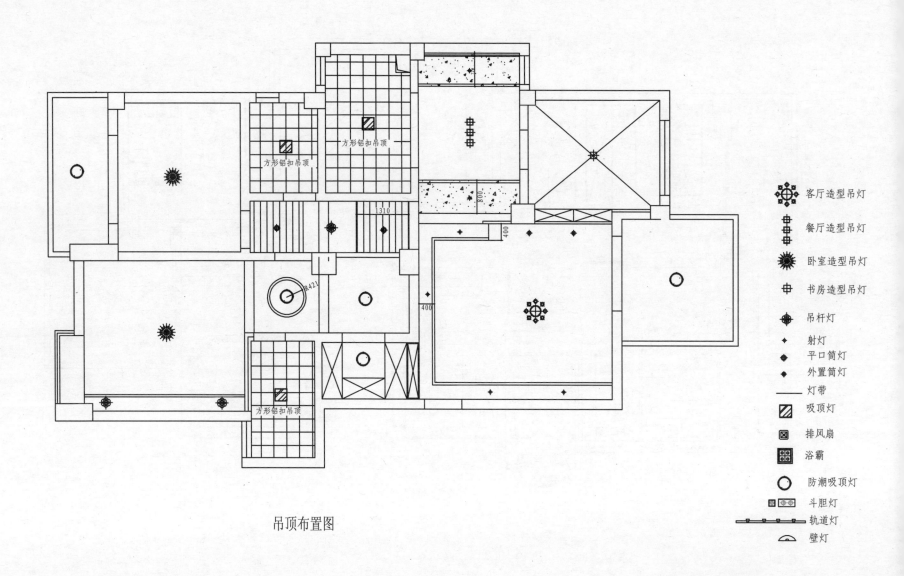

方形铝扣吊顶

方形铝扣吊顶

方形铝扣吊顶

方形铝扣吊顶

客厅造型吊灯

餐厅造型吊灯

卧室造型吊灯

书房造型吊灯

吊杆灯

射灯

平口筒灯

外置筒灯

灯带

吸顶灯

排风扇

浴霸

防潮吸顶灯

斗胆灯

轨道灯

壁灯

吊顶布置图

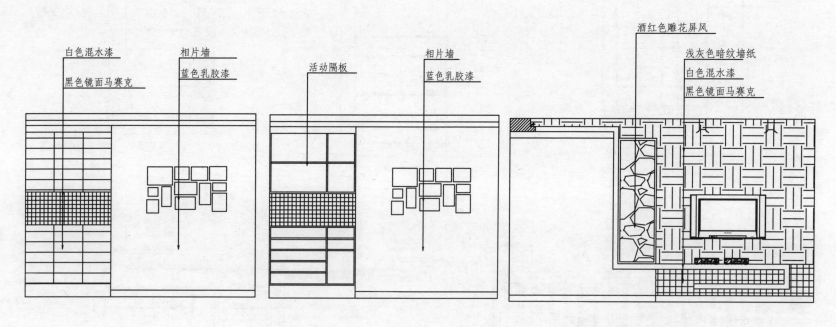

白色混水漆
黑色镜面马赛克
相片墙
蓝色乳胶漆

活动隔板

相片墙
蓝色乳胶漆

酒红色雕花屏风
浅灰色暗纹墙纸
白色混水漆
黑色镜面马赛克

鞋柜立面图

电视背景墙立面图

白色混水漆
白色混水漆

白色混水漆

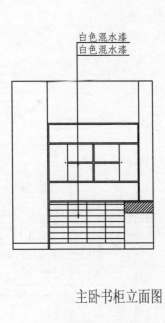

主卧书柜立面图

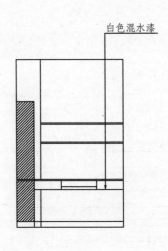

主卧书桌立面图

艺术条纹墙纸
白色混水漆

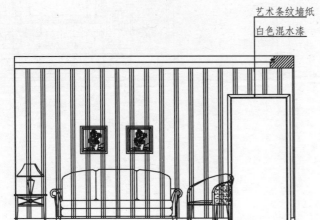

沙发背景墙立面图

黑色显纹漆
白色混水漆

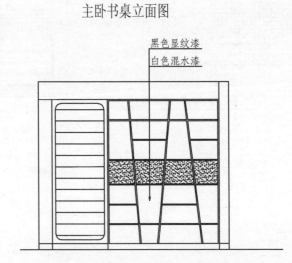

书房书柜立面图

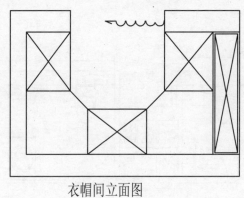

衣帽间立面图

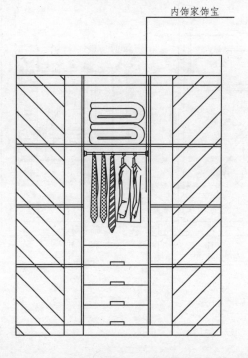

内饰家饰宝

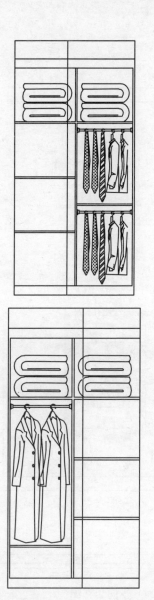

白色乳胶漆　　　马赛克拼图

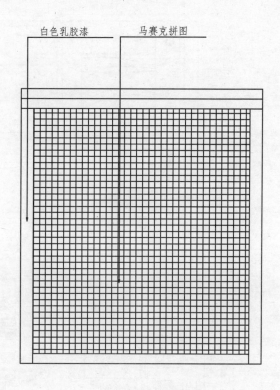

餐厅背景墙立面图

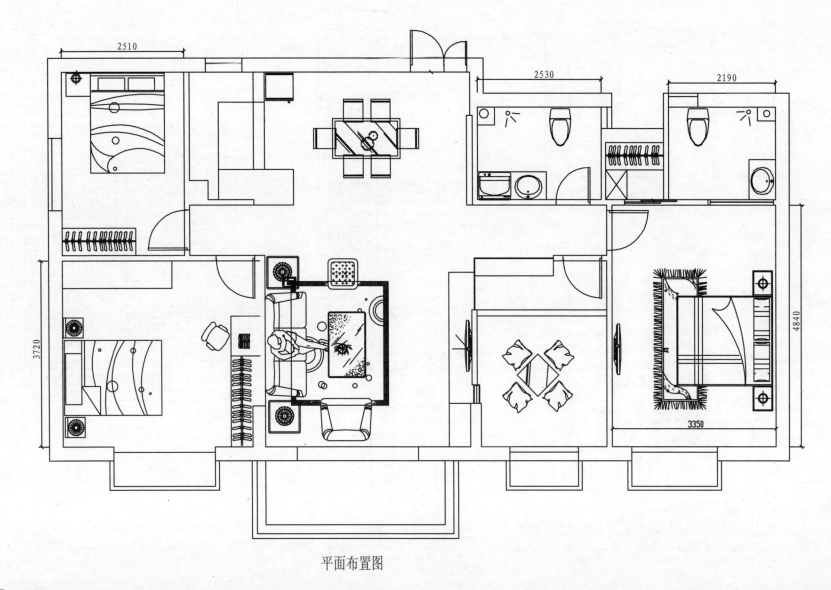

2510

2530

2190

3720

4840

3350

平面布置图

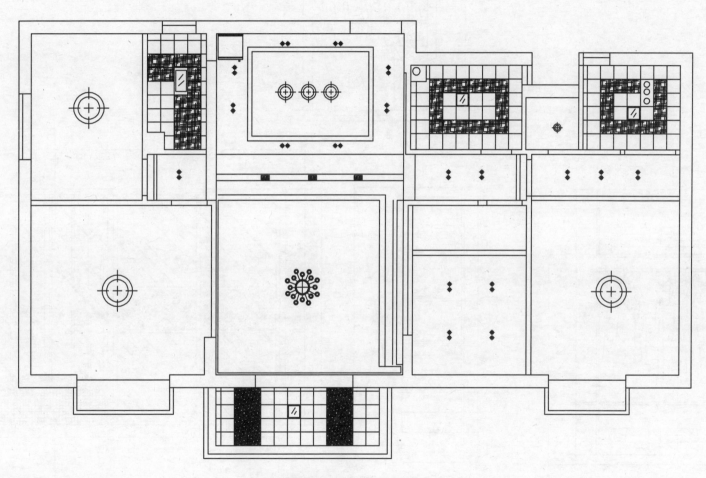

天花布置图

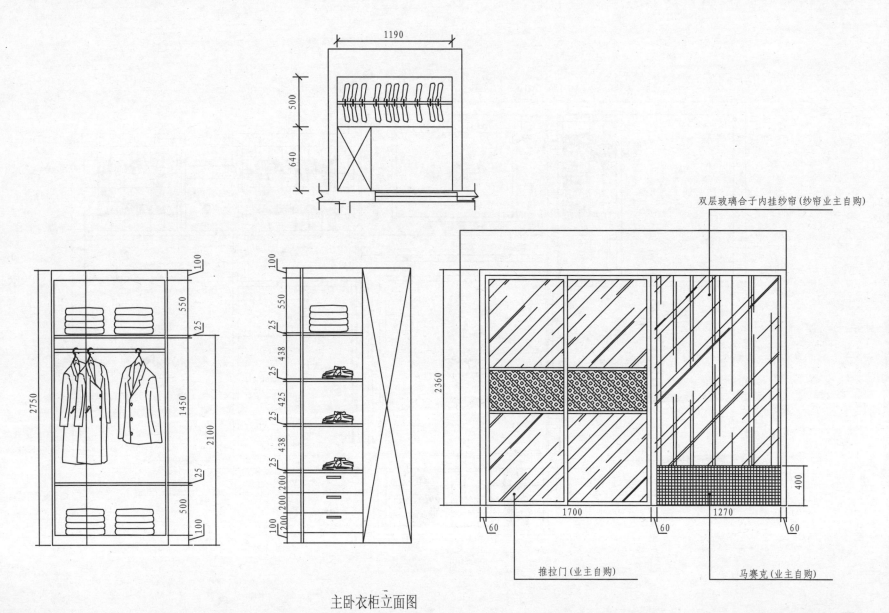

双层玻璃合子内挂纱帘(纱帘业主自购)

1190

500

640

2750

2100

100

550

25

1450

25

500

100

100

550

25

438

25

425

25

438

25

100

200 200 200

2360

1700

60

60

1270

60

400

推拉门(业主自购)

马赛克(业主自购)

主卧衣柜立面图

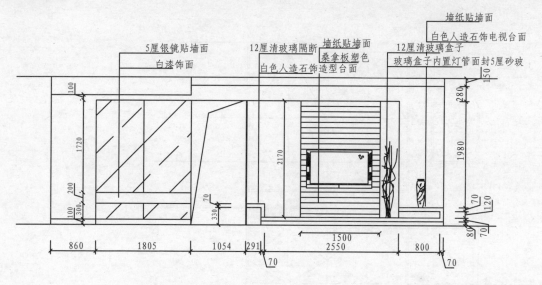

5厘银镜贴墙面
白漆饰面

12厘清玻璃隔断
墙纸贴墙面
桑拿板塑色
白色人造石饰造型台面

墙纸贴墙面
12厘清玻璃盒子
白色人造石饰电视台面
玻璃盒子内置灯管面封5厘砂玻

100
1720
200
100 300
330
70
2170
1980
280
150
70 120
70 80 70

860   1805   1054   291   1500   800
                          2550
                    70   70

电视背景墙及入户门侧墙面立面图

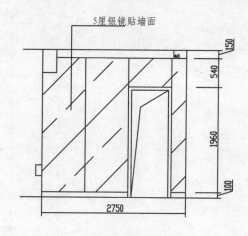

5厘银镜贴墙面

150
540
1960
100

2750

走道卫生间侧墙面立面图

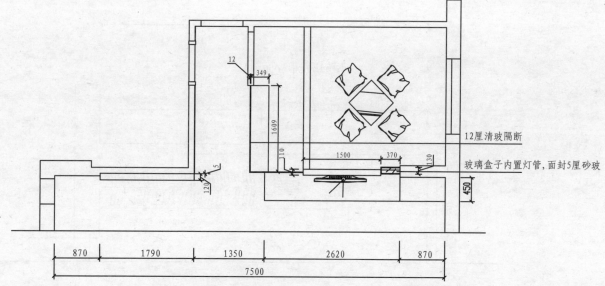

12
349
1609
10
5
120

12厘清玻隔断

玻璃盒子内置灯管,面封5厘砂玻

1500   370   130
450

870   1790   1350   2620   870
                    7500

电视背景墙及入户门侧墙面立面图

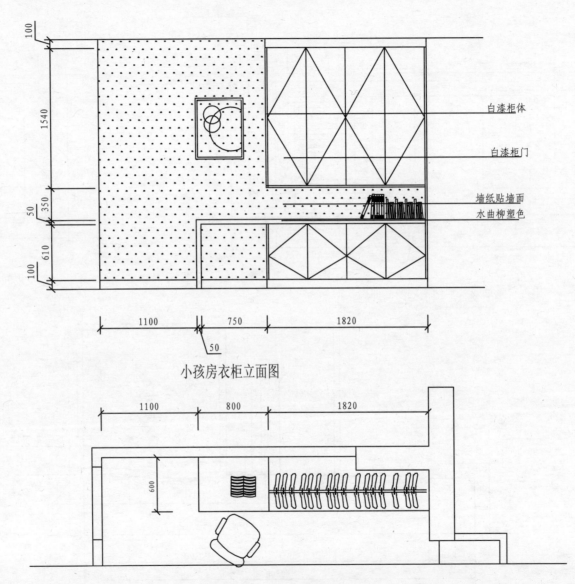

白漆柜体

白漆柜门

墙纸贴墙面

水曲柳塑色

小孩房衣柜立面图

小孩房衣柜平面图

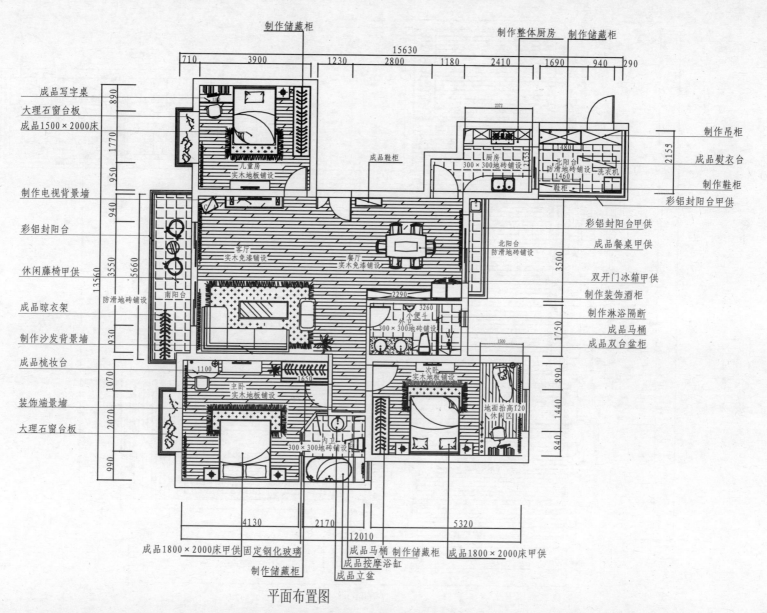

平面布置图

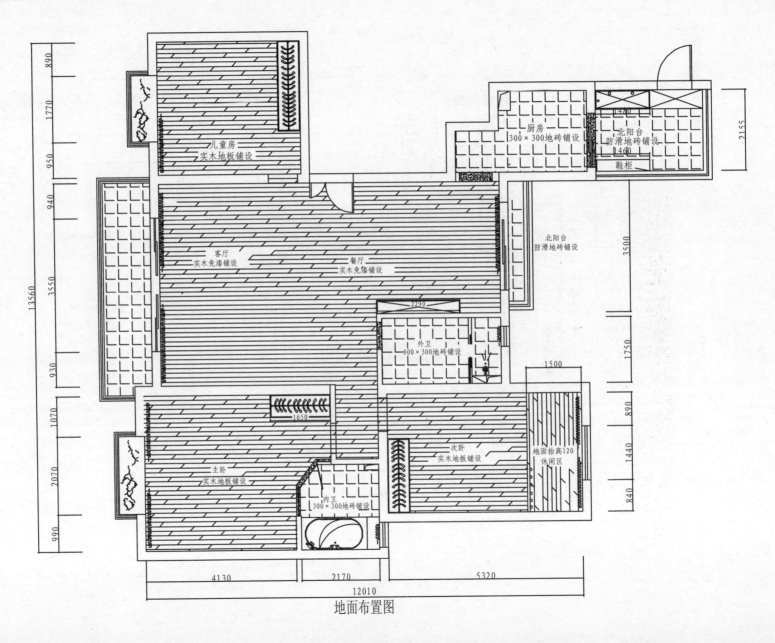

儿童房
实木地板铺设

厨房
300×300地砖铺设

北阳台
防滑地砖铺设

鞋柜

北阳台
防滑地砖铺设

客厅
实木免漆铺设

餐厅
实木免漆铺设

外卫
300×300地砖铺设

主卧
实木地板铺设

内卫
300×300地砖铺设

次卧
实木地板铺设

地面抬高120
休闲区

地面布置图

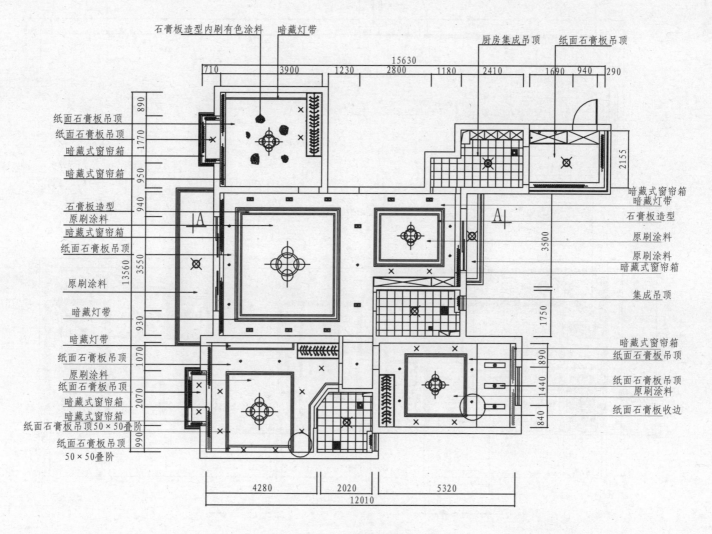

石膏板造型内刷有色涂料　暗藏灯带　　厨房集成吊顶　纸面石膏板吊顶

纸面石膏板吊顶
纸面石膏板吊顶
暗藏式窗帘箱
暗藏式窗帘箱
石膏板造型
原刷涂料
暗藏式窗帘箱
纸面石膏板吊顶
原刷涂料
暗藏灯带
暗藏灯带
纸面石膏板吊顶
原刷涂料
纸面石膏板吊顶
暗藏式窗帘箱
暗藏式窗帘箱
纸面石膏板吊顶50×50叠阶
纸面石膏板吊顶
50×50叠阶

暗藏式窗帘箱
暗藏灯带
石膏板造型
原刷涂料
原刷涂料
暗藏式窗帘箱
集成吊顶
暗藏式窗帘箱
纸面石膏板吊顶
纸面石膏板吊顶
原刷涂料
纸面石膏板收边

15630
710　3900　1230　2800　1180　2410　1690　940　290
890
1770
950
940
13560　3550
930
1070
2070
990
2155
3500
1750
890
1440
840

4280　2020　5320
12010

顶面布置图

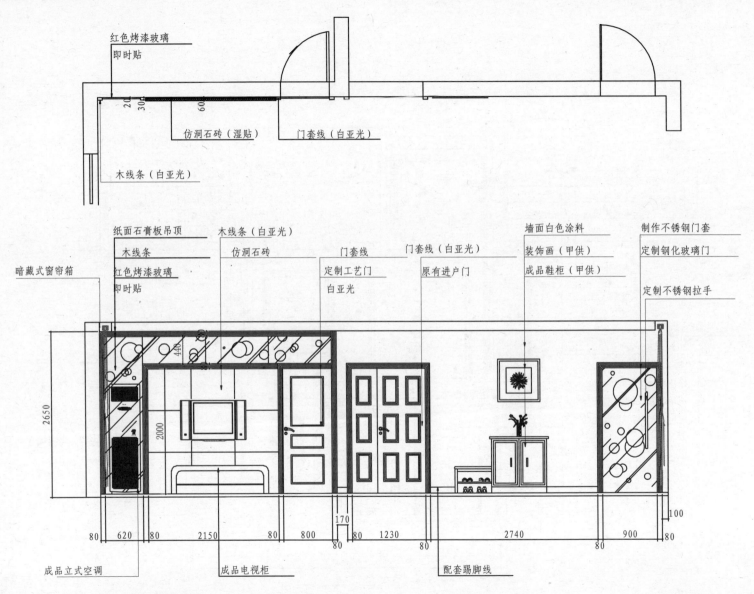

红色烤漆玻璃

即时贴

仿洞石砖（湿贴）　门套线（白亚光）

木线条（白亚光）

纸面石膏板吊顶　木线条（白亚光）　　　　　门套线　　门套线（白亚光）　墙面白色涂料　制作不锈钢门套

木线条　仿洞石砖　定制工艺门　原有进户门　装饰画（甲供）　定制钢化玻璃门

暗藏式窗帘箱　红色烤漆玻璃　　　　　　白亚光　　　　　成品鞋柜（甲供）　定制不锈钢拉手

即时贴

成品立式空调　成品电视柜　配套踢脚线

2650　2000　440

80　620　80　2150　80　800　170　80　1230　80　2740　80　900　80　100

电视背景墙、门厅立面图

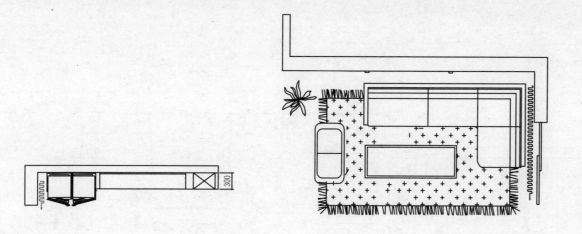

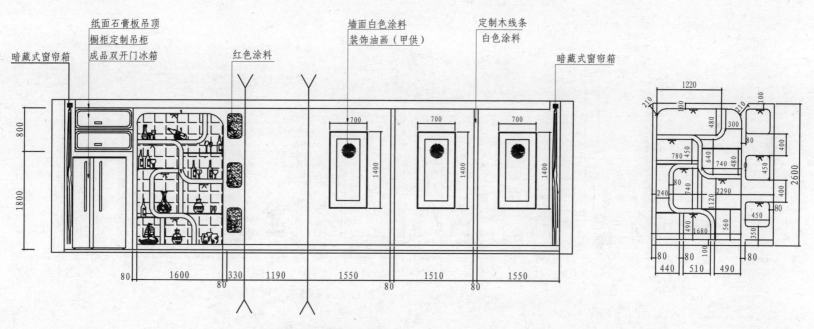

纸面石膏板吊顶
橱柜定制吊柜
成品双开门冰箱

墙面白色涂料
装饰油画（甲供）

定制木线条
白色涂料

暗藏式窗帘箱

红色涂料

暗藏式窗帘箱

沙发、餐厅背景墙立面图

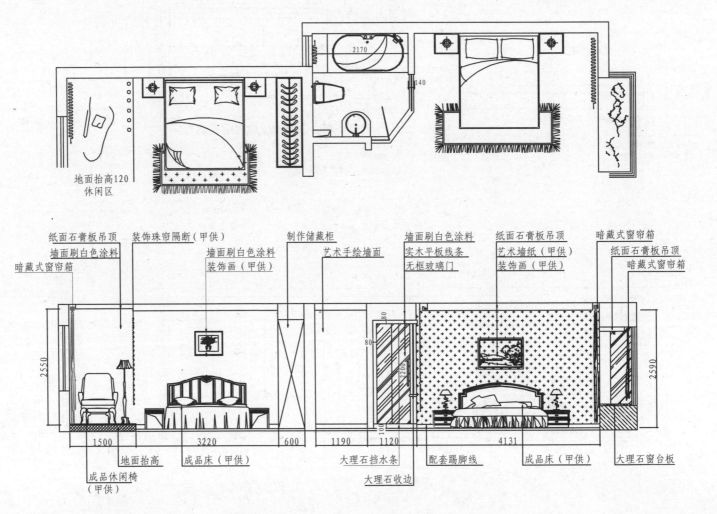

地面抬高120
休闲区

2170

140

纸面石膏板吊顶　　装饰珠帘隔断（甲供）　　制作储藏柜　　墙面刷白色涂料　　纸面石膏板吊顶　　暗藏式窗帘箱
墙面刷白色涂料　　墙面刷白色涂料　　艺术手绘墙面　　实木平板线条　　艺术墙纸（甲供）　　纸面石膏板吊顶
暗藏式窗帘箱　　装饰画（甲供）　　无框玻璃门　　装饰画（甲供）　　暗藏式窗帘箱

2550　　　2100　　80　　180　　2200　　100　　2590

1500　　地面抬高　　3220　　600　　1190　　1120　　4131

成品休闲椅（甲供）　成品床（甲供）　　大理石挡水条　　配套踢脚线　　成品床（甲供）　　大理石窗台板
地面抬高　　　　　　　大理石收边

次卧室、过道、主卧室立面图

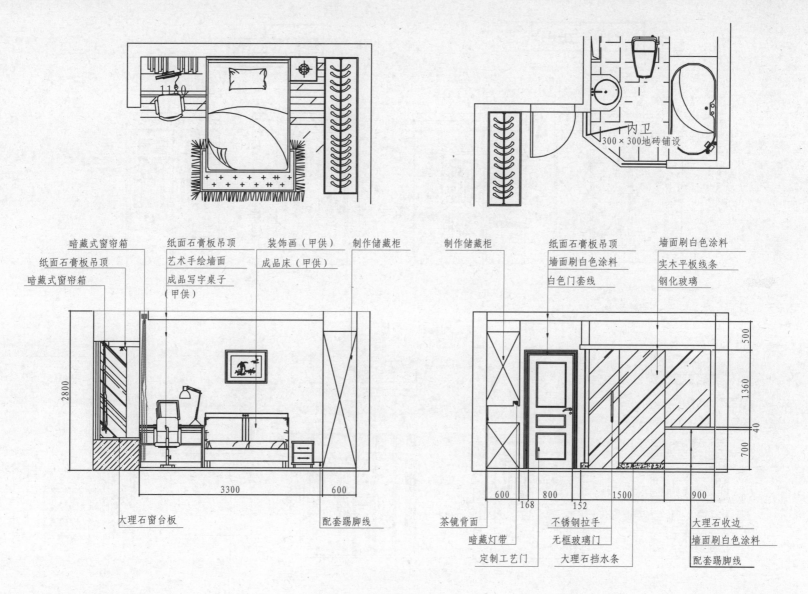

暗藏式窗帘箱　纸面石膏板吊顶　装饰画（甲供）　制作储藏柜　　制作储藏柜　纸面石膏板吊顶　墙面刷白色涂料

纸面石膏板吊顶　艺术手绘墙面　成品床（甲供）　　　　　墙面刷白色涂料　实木平板线条

暗藏式窗帘箱　成品写字桌子　　　　　　　　　　　　　　白色门套线　　钢化玻璃
　　　　　　　（甲供）

2800　　　　　　　　　　　　　　　　　　　　　　　　　　　　　　　　　　　500

　　　　　　　　　　　　　　　　　　　　　　　　　　　　　　　　　　　　1360

　　　　　　　　　　　　　　　　　　　　　　　　　　　　　　　　　　　　40

　　　　　　　　　　　　　　　　　　　　　　　　　　　　　　　　　　　　700

3300　　　　　　600　　　　　　600　168　800　152　1500　　900

大理石窗台板　　　　　　配套踢脚线　　茶镜背面　　　不锈钢拉手　　　大理石收边

　　　　　　　　　　　　　　　　　　暗藏灯带　　　无框玻璃门　　墙面刷白色涂料

　　　　　　　　　　　　　　　　　　定制工艺门　　大理石挡水条　　配套踢脚线

儿童房、主卧室卫生间立面图

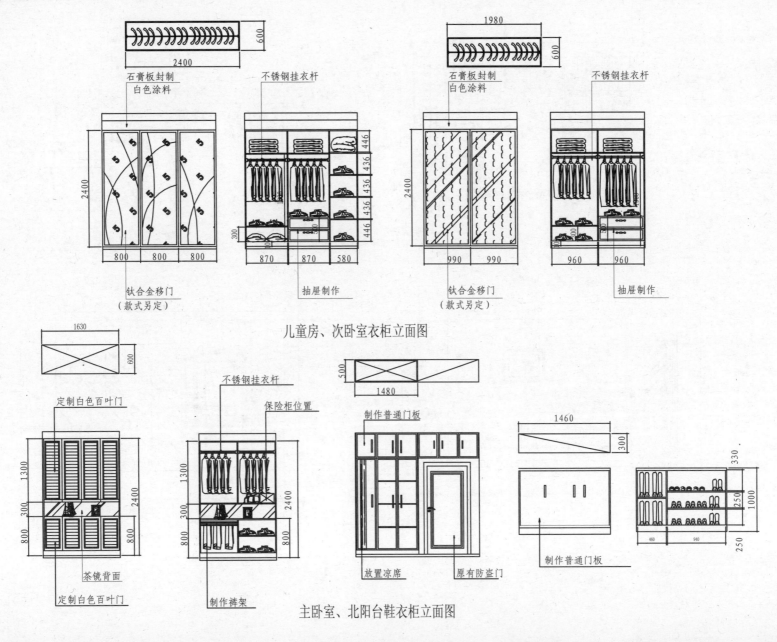

儿童房、次卧室衣柜立面图

主卧室、北阳台鞋衣柜立面图

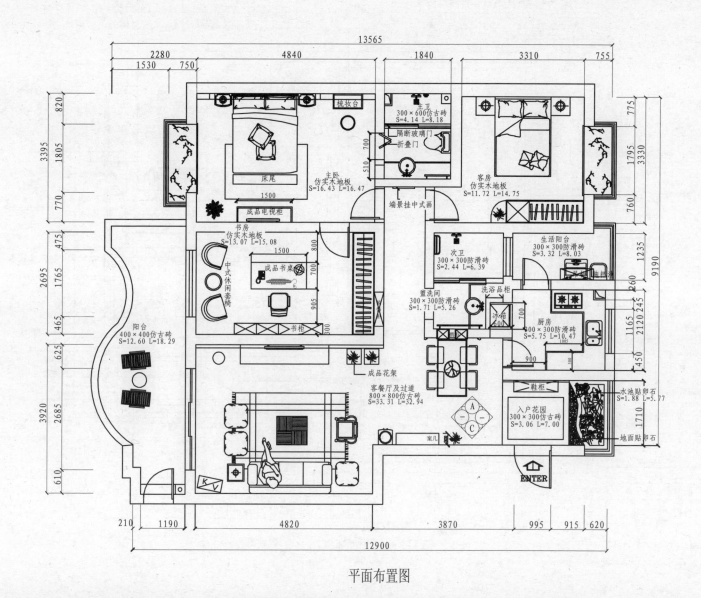

平面布置图

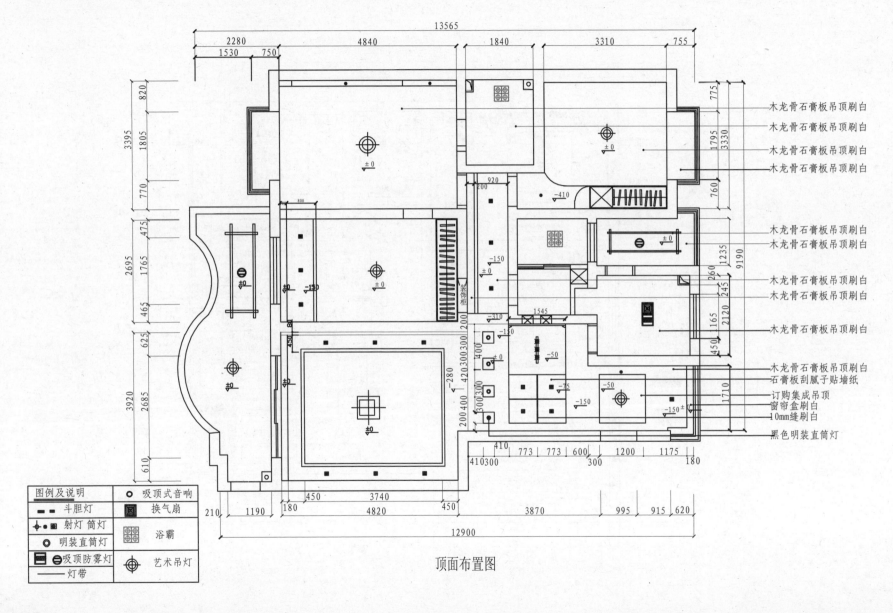

顶面布置图

图例及说明

●● 斗胆灯		○ 吸顶式音响	
✦ ● ■ 射灯 筒灯		换气扇	
○ 明装直筒灯		浴霸	
■ ⊖ 吸顶防雾灯		艺术吊灯	
灯带			

木龙骨石膏板吊顶刷白
木龙骨石膏板吊顶刷白
木龙骨石膏板吊顶刷白
木龙骨石膏板吊顶刷白

木龙骨石膏板吊顶刷白
木龙骨石膏板吊顶刷白

木龙骨石膏板吊顶刷白
木龙骨石膏板吊顶刷白

木龙骨石膏板吊顶刷白

木龙骨石膏板吊顶刷白
石膏板刮腻子贴墙纸
订购集成吊顶
窗帘盒刷白
10mm缝刷白

黑色明装直筒灯

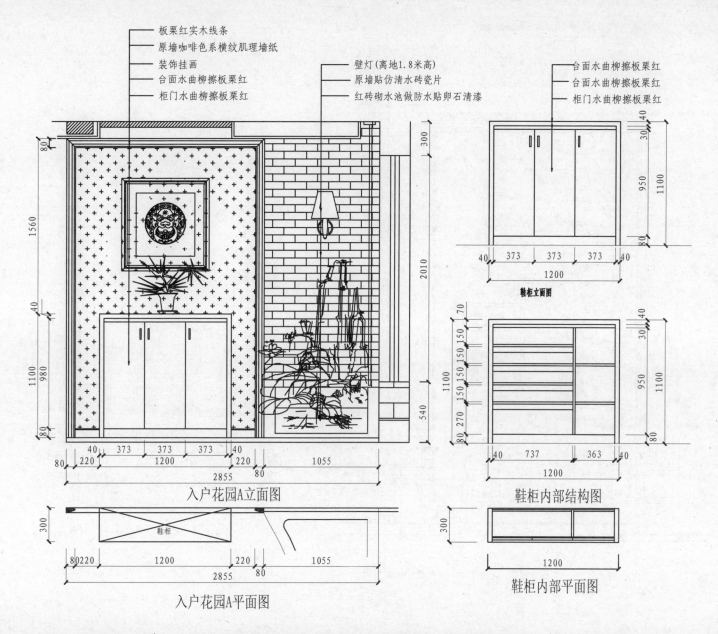

板栗红实木线条
原墙咖啡色系横纹肌理墙纸
装饰挂画
台面水曲柳擦板栗红
柜门水曲柳擦板栗红

壁灯(离地1.8米高)
原墙贴仿清水砖瓷片
红砖砌水池做防水贴卵石清漆

台面水曲柳擦板栗红
台面水曲柳擦板栗红
柜门水曲柳擦板栗红

鞋柜立面图

鞋柜内部结构图

入户花园A立面图

入户花园A平面图

鞋柜内部平面图

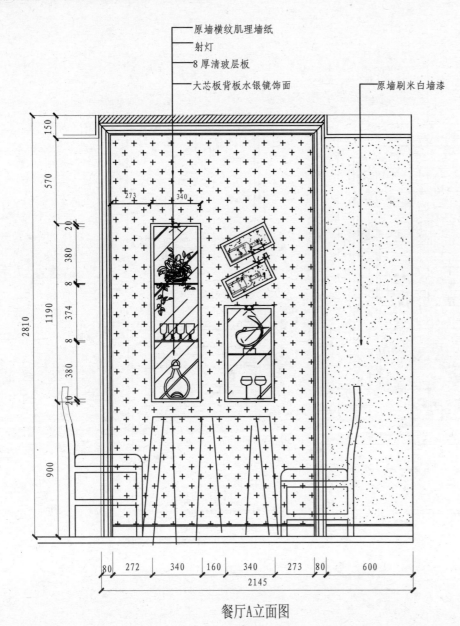

原墙横纹肌理墙纸

射灯

8厚清玻层板

大芯板背板水银镜饰面

原墙刷米白墙漆

餐厅A立面图

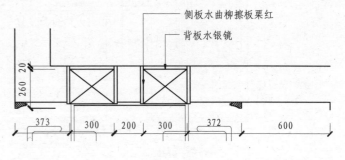

侧板水曲柳擦板栗红

背板水银镜

餐厅A平面图

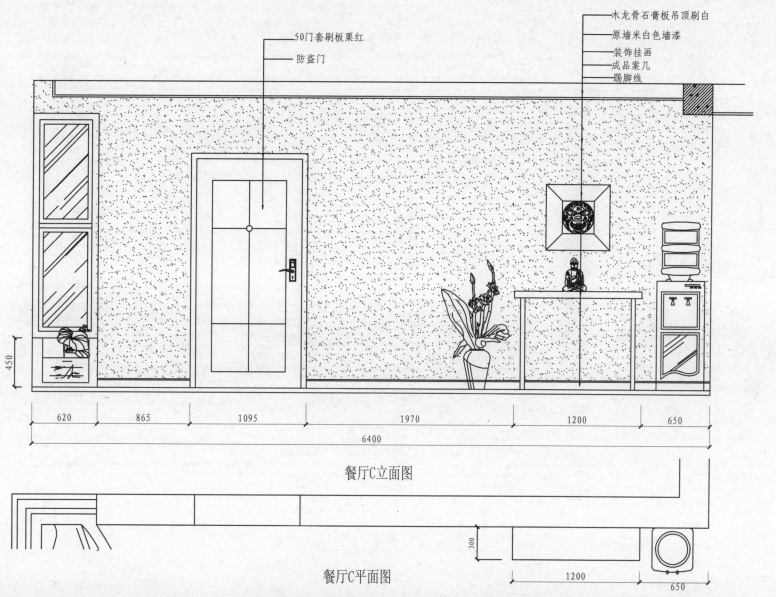

木龙骨石膏板吊顶刷白
原墙米白色墙漆
装饰挂画
成品案几
踢脚线

50门套刷板栗红
防盗门

620　865　1095　1970　1200　650
6400

餐厅C立面图

300

餐厅C平面图

1200
650

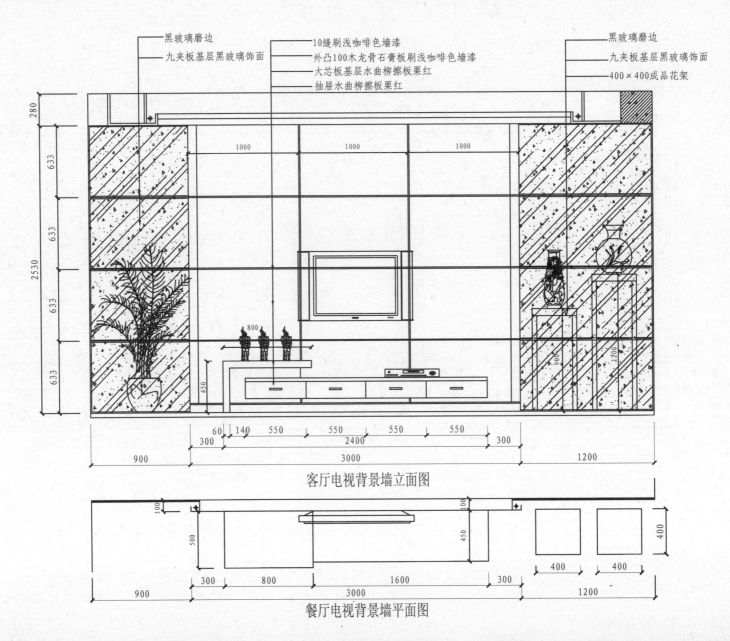

黑玻璃磨边
九夹板基层黑玻璃饰面

10缝刷浅咖啡色墙漆
外凸100木龙骨石膏板刷浅咖啡色墙漆
大芯板基层水曲柳擦板栗红
抽屉水曲柳擦板栗红

黑玻璃磨边
九夹板基层黑玻璃饰面
400×400成品花架

客厅电视背景墙立面图

餐厅电视背景墙平面图

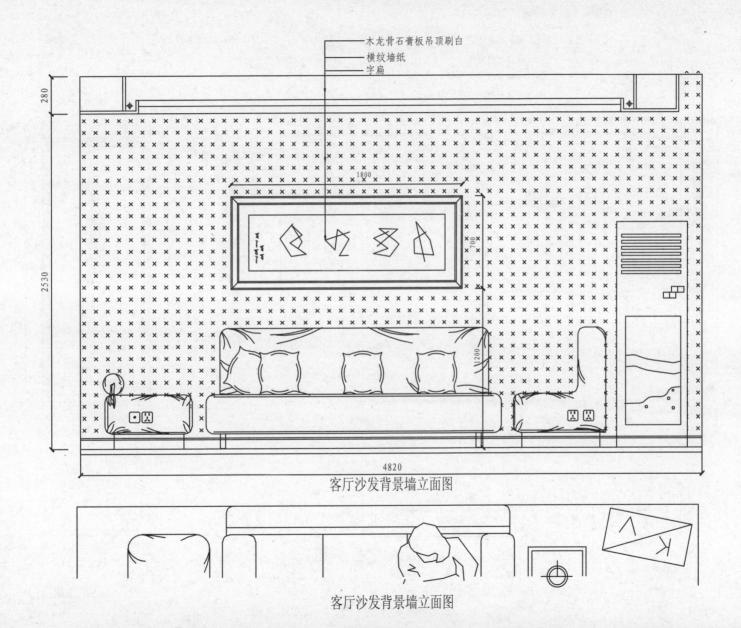

木龙骨石膏板吊顶刷白
横纹墙纸
字扁

客厅沙发背景墙立面图

客厅沙发背景墙立面图

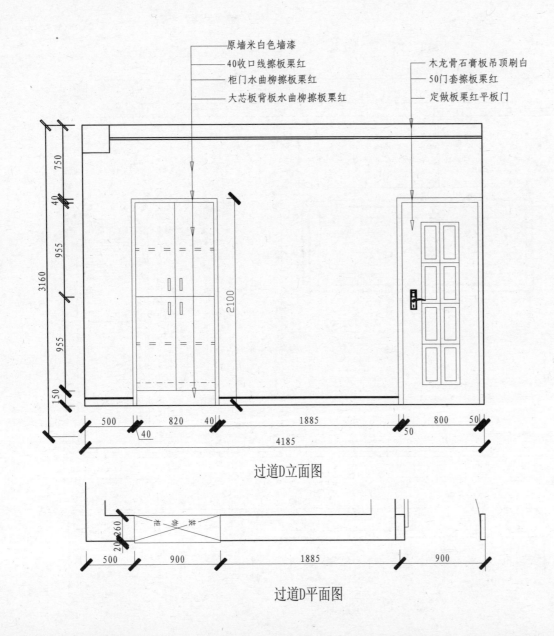

原墙米白色墙漆
40收口线擦板栗红
柜门水曲柳擦板栗红
大芯板背板水曲柳擦板栗红

木龙骨石膏板吊顶刷白
50门套擦板栗红
定做板栗红平板门

过道D立面图

过道D平面图

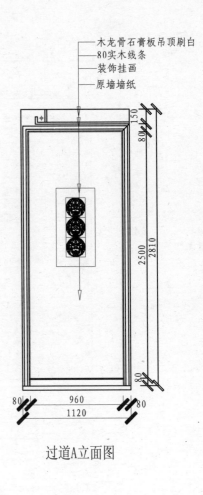

木龙骨石膏板吊顶刷白
80实木线条
装饰挂画
原墙墙纸

过道A立面图

端景挂中式画

过道A平面图

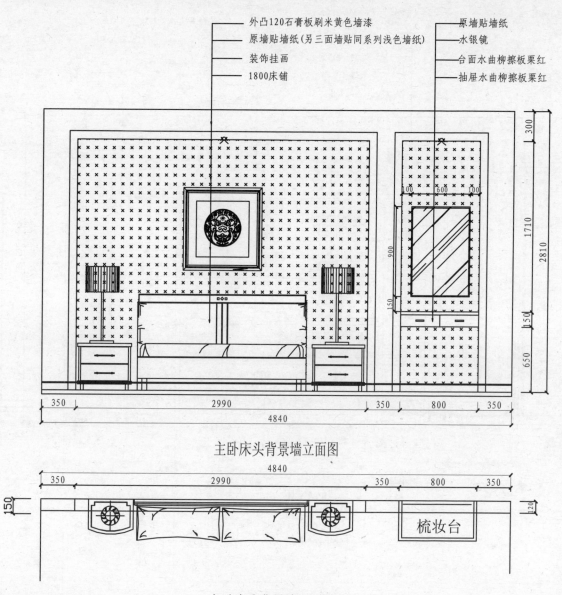

外凸120石膏板刷米黄色墙漆

原墙贴墙纸(另三面墙贴同系列浅色墙纸)

装饰挂画

1800床铺

原墙贴墙纸

水银镜

台面水曲柳擦板栗红

抽屉水曲柳擦板栗红

主卧床头背景墙立面图

梳妆台

主卧床头背景墙平面图

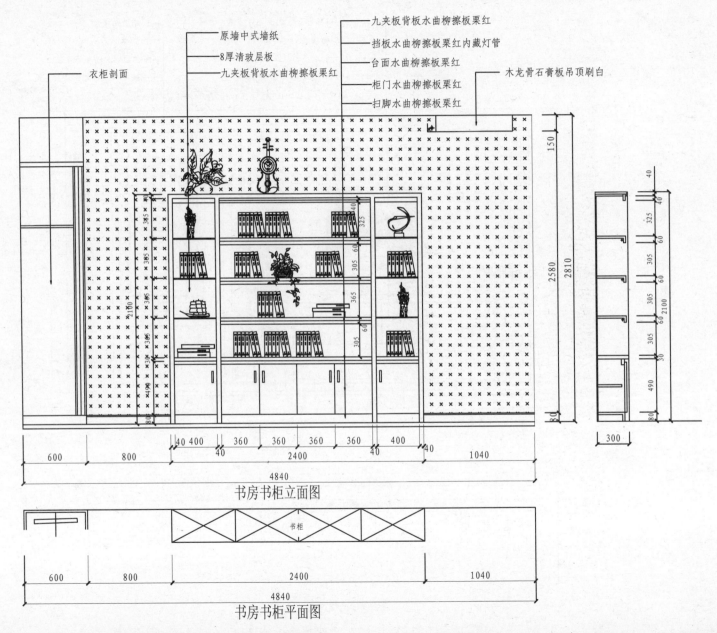

书房书柜立面图

书房书柜平面图

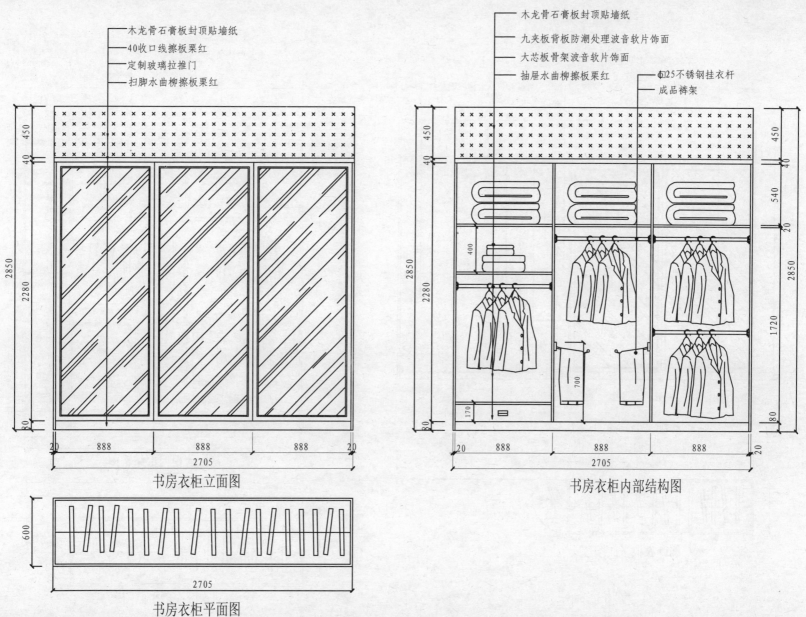

木龙骨石膏板封顶贴墙纸
40收口线擦板栗红
定制玻璃拉推门
扫脚水曲柳擦板栗红

木龙骨石膏板封顶贴墙纸
九夹板背板防潮处理波音软片饰面
大芯板骨架波音软片饰面
抽屉水曲柳擦板栗红
Φ25不锈钢挂衣杆
成品裤架

书房衣柜立面图

书房衣柜内部结构图

书房衣柜平面图

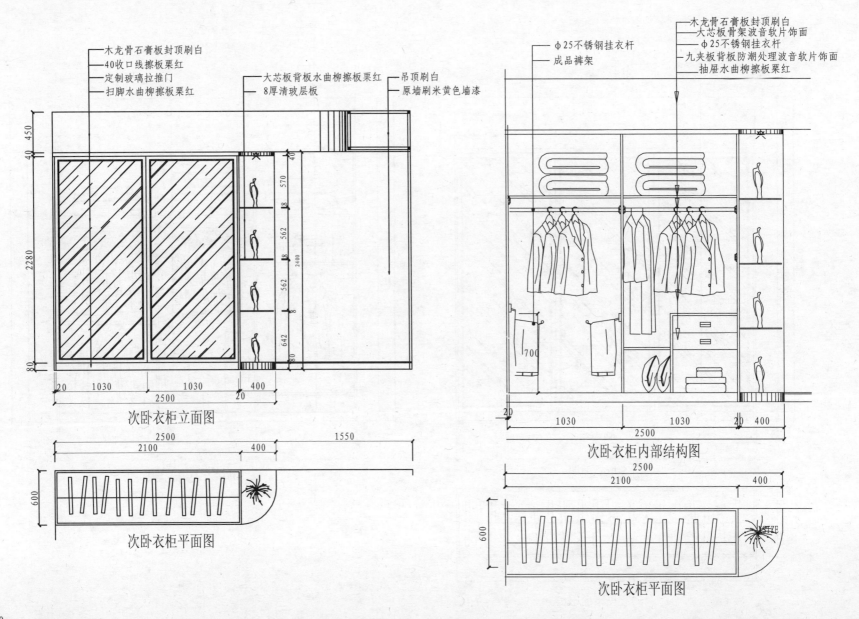

木龙骨石膏板封顶刷白
40收口线擦板栗红
定制玻璃拉推门
扫脚水曲柳擦板栗红

大芯板背板水曲柳擦板栗红
8厚清玻层板

吊顶刷白
原墙刷米黄色墙漆

φ25不锈钢挂衣杆
成品裤架

木龙骨石膏板封顶刷白
大芯板骨架波音软片饰面
φ25不锈钢挂衣杆
九夹板背板防潮处理波音软片饰面
抽屉水曲柳擦板栗红

次卧衣柜立面图

次卧衣柜平面图

次卧衣柜内部结构图

次卧衣柜平面图

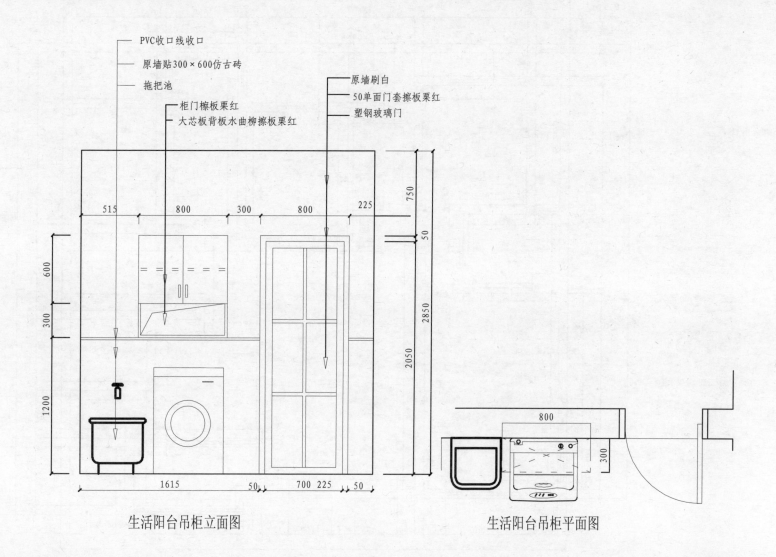

PVC收口线收口

原墙贴300×600仿古砖

拖把池

柜门檫板栗红

大芯板背板水曲柳擦板栗红

原墙刷白

50单面门套擦板栗红

塑钢玻璃门

515   800   300   800   225

750

600

50

300

2850

2050

1200

1615   50   700 225   50

800

300

生活阳台吊柜立面图

生活阳台吊柜平面图

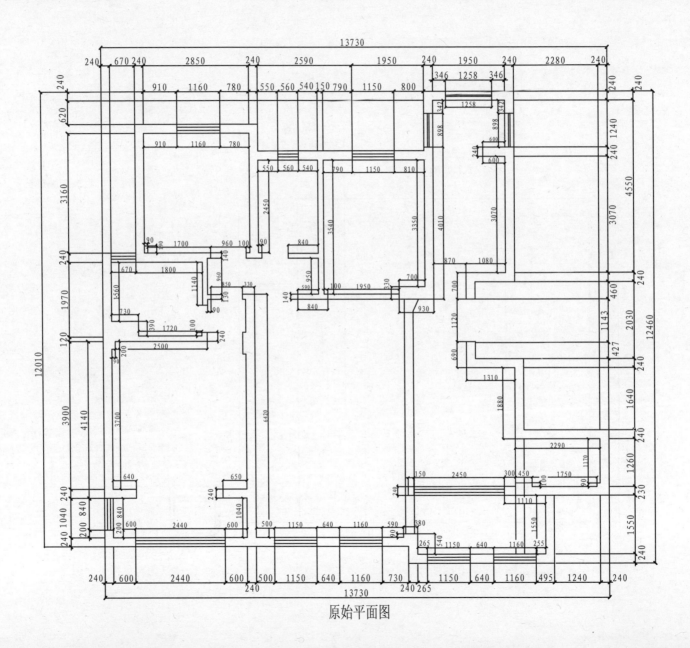

原始平面图

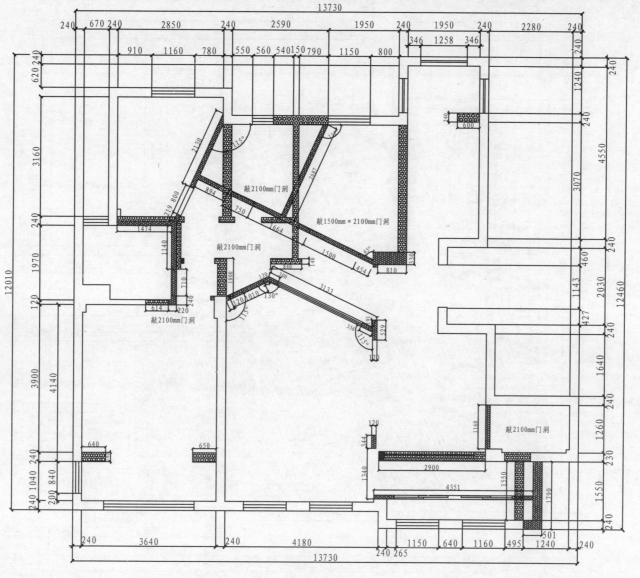

墙体改造图

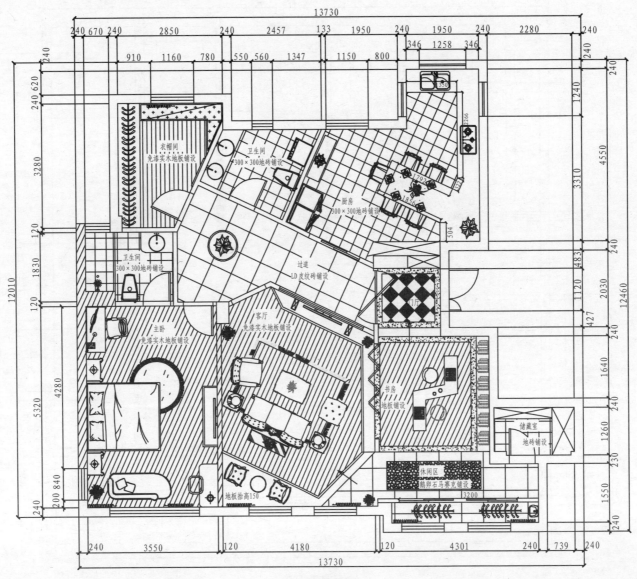

平面布置图

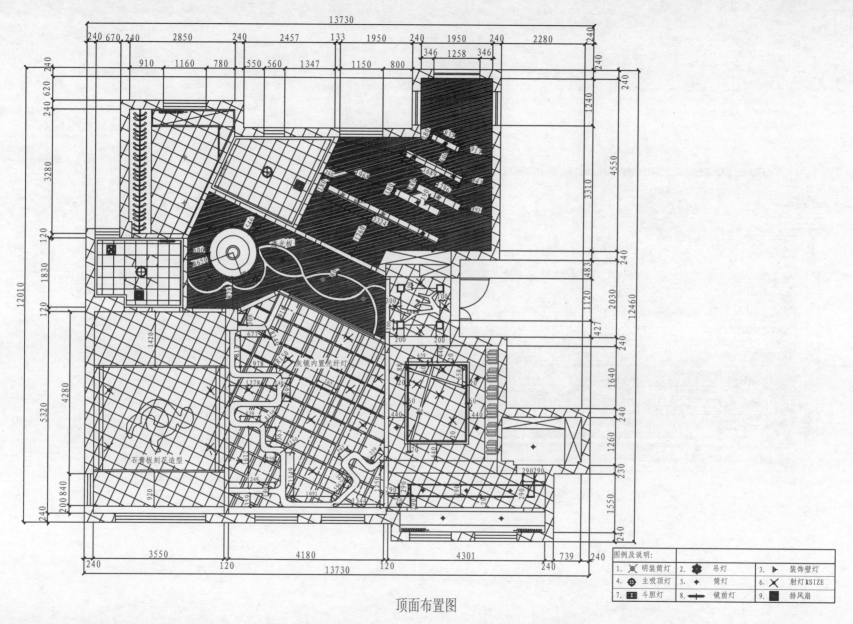

顶面布置图

图例及说明:		
1. 明装筒灯	2. 吊灯	3. 装饰壁灯
4. 主吸顶灯	5. 筒灯	6. 射灯XSIZE
7. 斗胆灯	8. 镜前灯	9. 排风扇

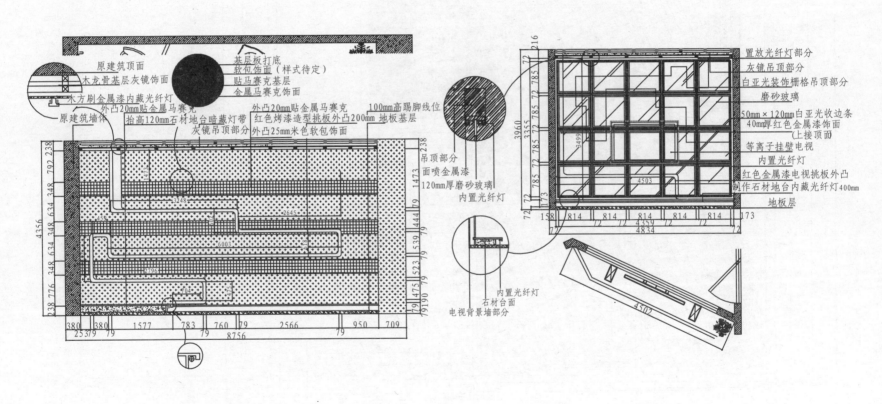

原建筑顶面
木龙骨基层灰镜饰面
木方刷金属漆内藏光纤灯
原建筑墙体
外凸20mm贴金属马赛克
抬高120mm石材地台暗藏灯带
灰镜吊顶部分

基层板打底
软包饰面（样式待定）
贴马赛克基层
金属马赛克饰面

外凸20mm贴金属马赛克
红色烤漆造型挑板外凸200mm
外凸25mm米色软包饰面

100mm高踢脚线位
地板基层

吊顶部分
面喷金属漆
120mm厚磨砂玻璃
内置光纤灯

置放光纤灯部分
灰镜吊顶部分
白亚光装饰栅格吊顶部分
磨砂玻璃
50mm×120mm白亚光收边条
40mm厚红色金属漆饰面
（上接顶面）
等离子挂壁电视
内置光纤灯
红色金属漆电视挑板外凸
制作石材地台内藏光纤灯400mm
地板层

内置光纤灯
石材台面
电视背景墙部分

沙发背景墙立面图

电视背景墙立面图

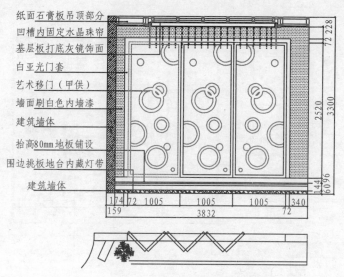

客厅-书房隔断立面图

纸面石膏板吊顶部分
凹槽内固定水晶珠帘
基层板打底灰镜饰面
白亚光门套
艺术移门（甲供）
墙面刷白色内墙漆
建筑墙体
抬高80mm地板铺设
围边挑板地台内藏灯带
建筑墙体

主卧室床头背景墙立面图

成品窗帘（甲供）
石膏板吊顶部分外凸20mm
原建筑墙体
30mm宽黑色不锈钢条收边
外凸20mm银镜饰面
原建筑窗位
外凸20mm银镜饰面
地板基层
原建筑窗位
外凸20mm银镜饰面
宽60mm黑色不锈钢条收边

书房书柜立面图

凹槽内固定水晶珠帘
书柜背板贴墙纸（样式待定）
40mm厚刷红色金属漆饰面
地面抬高部分地板铺设
建筑墙体

主卧室电视背景墙立面图

石膏板造型墙外凸100mm刷内墙漆
原墙面刷内墙漆
木龙骨基层打底
石膏板吊顶部分
挂壁式等离子电视（甲供）
墙面刷内墙漆
100mm高踢脚线位置

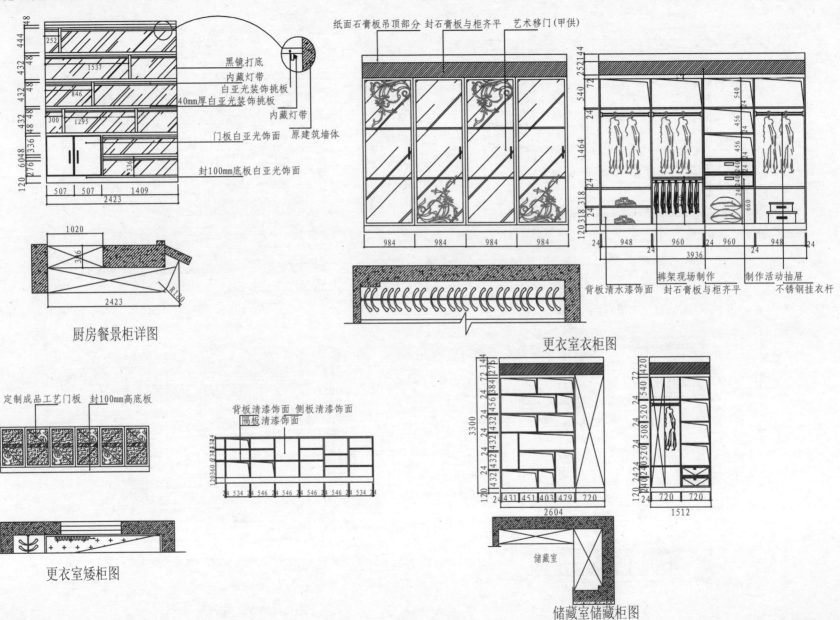

厨房餐景柜详图

黑镜打底
内藏灯带
白亚光装饰挑板
40mm厚白亚光装饰挑板
内藏灯带
门板白亚光饰面
原建筑墙体
封100mm底板白亚光饰面

纸面石膏板吊顶部分 封石膏板与柜齐平 艺术移门(甲供)

更衣室衣柜图

背板清水漆饰面 封石膏板与柜齐平
裤架现场制作 制作活动抽屉
不锈钢挂衣杆

定制成品工艺门板 封100mm高底板

更衣室矮柜图

背板清漆饰面 侧板清漆饰面
隔板清漆饰面

储藏室

储藏室储藏柜图

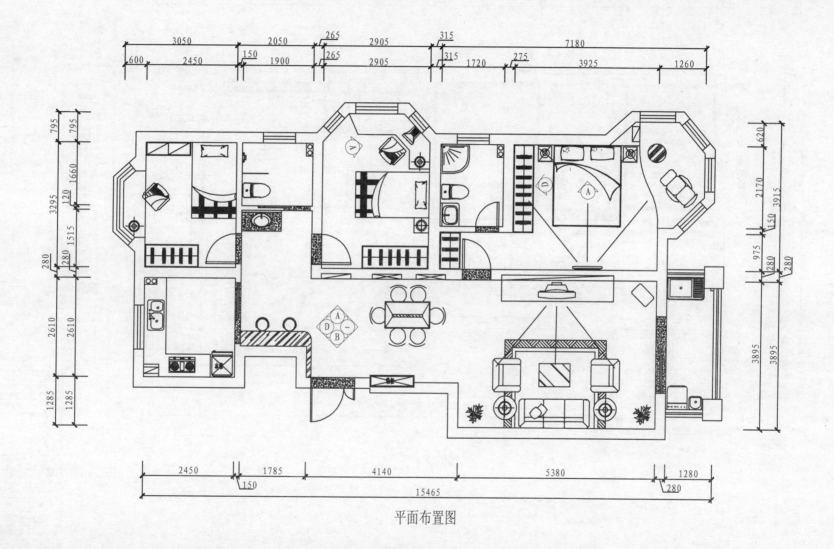

平面布置图

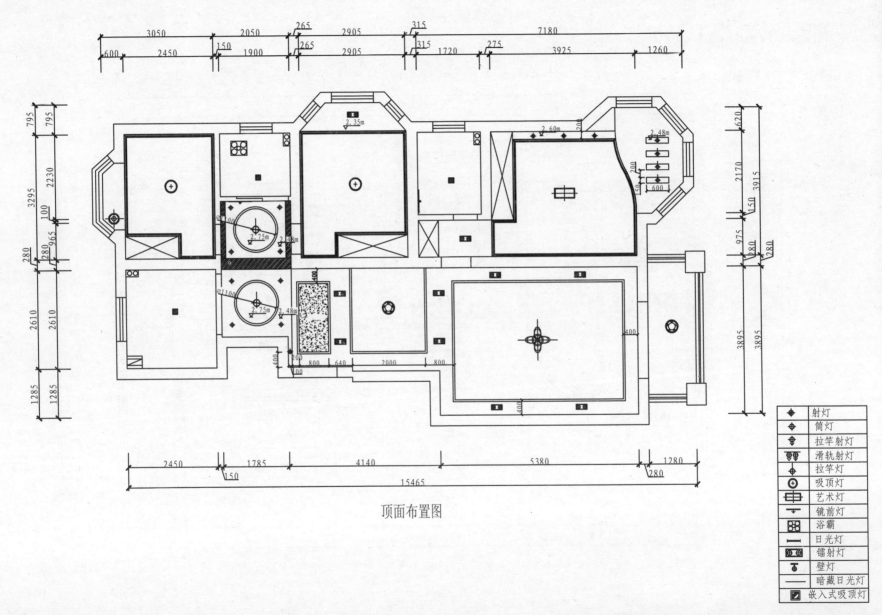

顶面布置图

	射灯
	筒灯
	拉竿射灯
	滑轨射灯
	拉竿灯
	吸顶灯
	艺术灯
	镜前灯
	浴霸
	日光灯
	镭射灯
	壁灯
	暗藏日光灯
	嵌入式吸顶灯

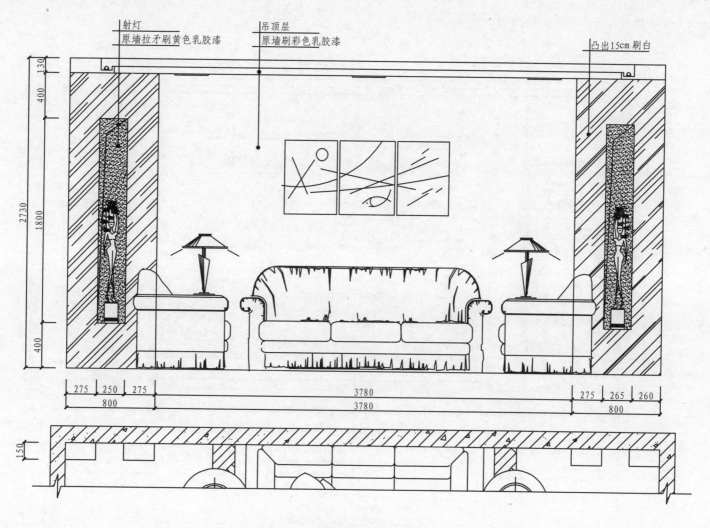

射灯
原墙拉矛刷黄色乳胶漆

吊顶层
原墙刷彩色乳胶漆

凸出15cm刷白

130
400
2730
1800
400

275 250 275
800

3780
3780

275 265 260
800

150

沙发背景墙立面图

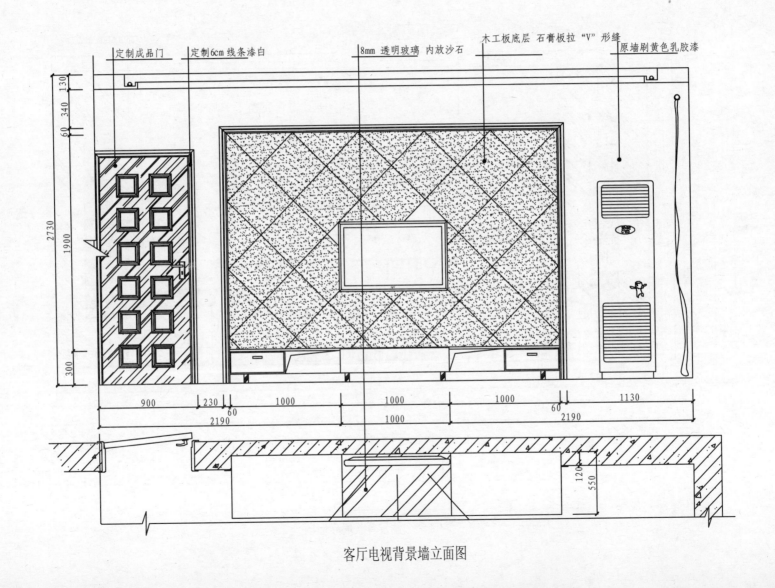

定制成品门　定制6cm线条漆白　　　8mm 透明玻璃 内放沙石　木工板底层 石膏板拉 "V" 形缝　原墙刷黄色乳胶漆

客厅电视背景墙立面图

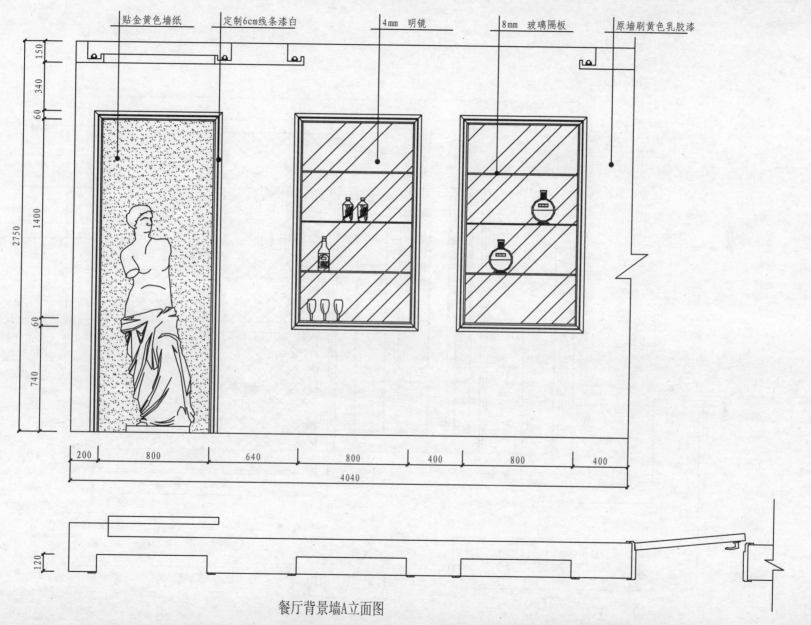

贴金黄色墙纸　　定制6cm线条漆白　　4mm　明镜　　8mm　玻璃隔板　　原墙刷黄色乳胶漆

150
340
60
2750
1400
60
740

200　　800　　640　　800　　400　　800　　400
4040

120

餐厅背景墙A立面图

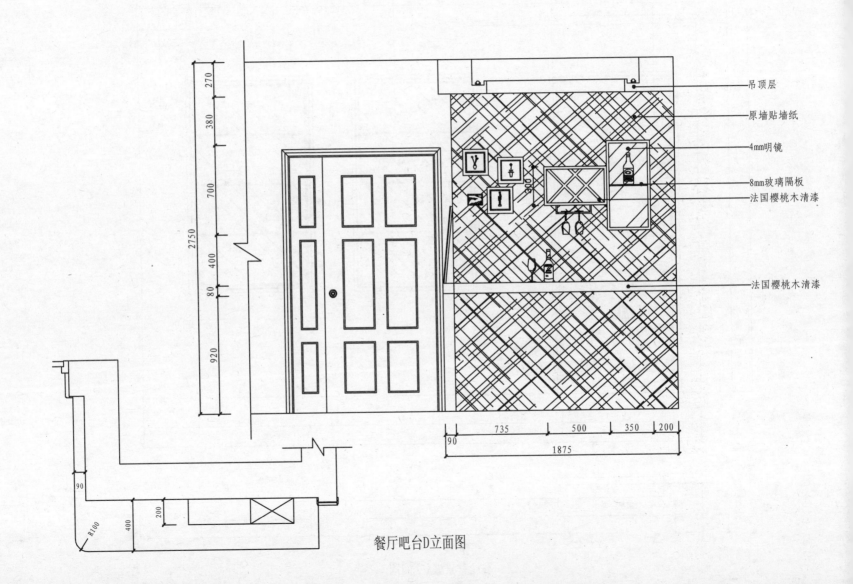

吊顶层

原墙贴墙纸

4mm明镜

8mm玻璃隔板
法国樱桃木清漆

法国樱桃木清漆

餐厅吧台D立面图

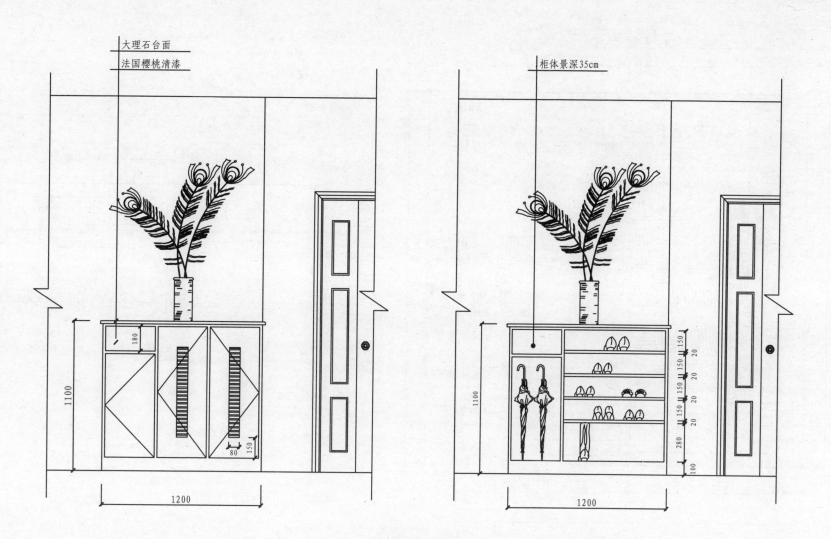

大理石台面

法国樱桃清漆

柜体景深35cm

餐厅鞋柜B立面图

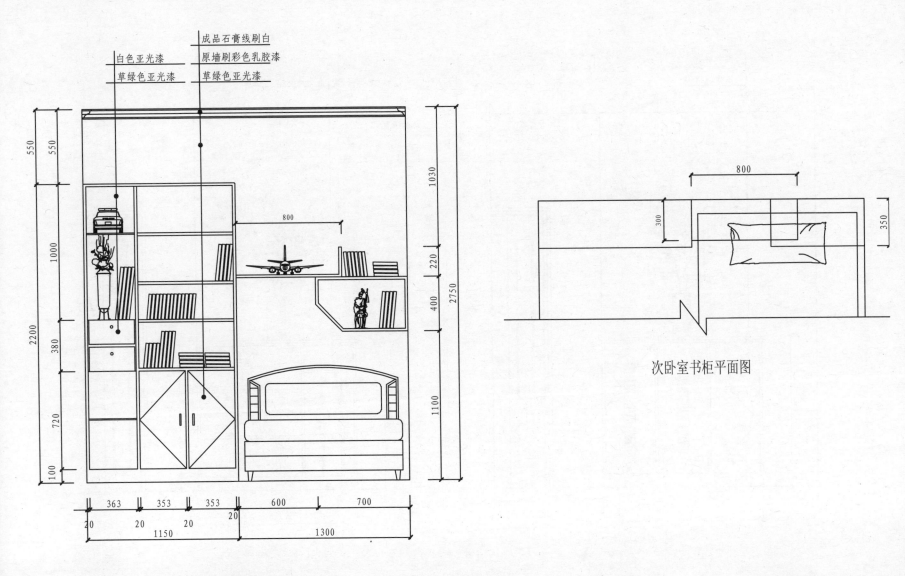

白色亚光漆
成品石膏线刷白
草绿色亚光漆
原墙刷彩色乳胶漆
草绿色亚光漆

次卧室书柜A立面图

次卧室书柜平面图

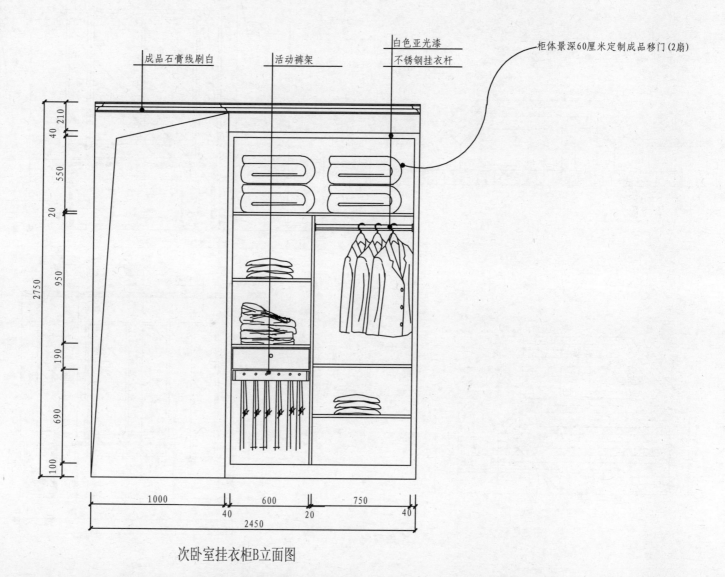

成品石膏线刷白　　　　活动裤架　　　　白色亚光漆　　　柜体景深60厘米定制成品移门(2扇)

不锈钢挂衣杆

210
40
550
20
950
190
690
100
2750

1000　　　　　　600　　　　　750
40　　　　　　　20　　　　　　40
2450

次卧室挂衣柜B立面图

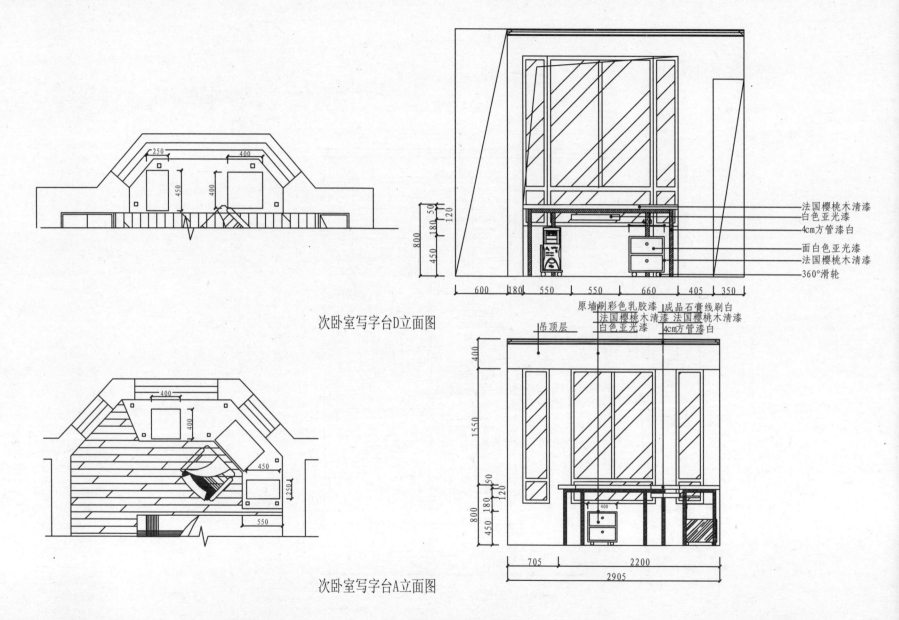

次卧室写字台D立面图

次卧室写字台A立面图

法国樱桃木清漆
白色亚光漆
4cm方管漆白

面白色亚光漆
法国樱桃木清漆
360°滑轮

原墙刷彩色乳胶漆　成品石膏线刷白
法国樱桃木清漆　法国樱桃木清漆
白色亚光漆　　　4cm方管漆白
吊顶层

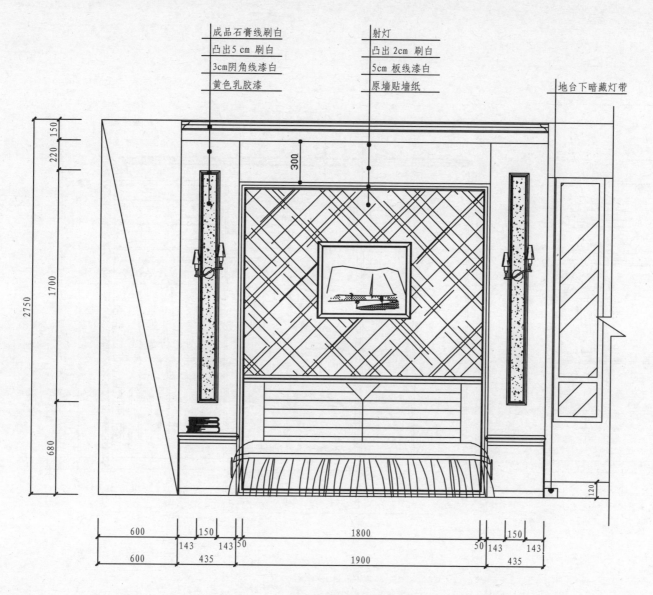

成品石膏线刷白
凸出5 cm 刷白
3cm阴角线漆白
黄色乳胶漆

射灯
凸出 2cm 刷白
5cm 板线漆白
原墙贴墙纸

地台下暗藏灯带

主卧室背景墙A立面图

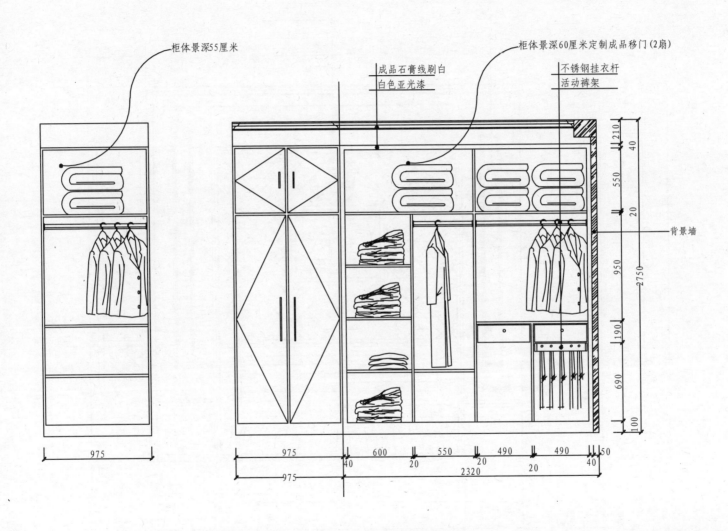

柜体景深55厘米

柜体景深60厘米定制成品移门(2扇)

成品石膏线刷白
白色亚光漆

不锈钢挂衣杆
活动裤架

背景墙

975

975

600   550   490   490   50

40   20   20   20   40

2320

975

210
40
550
20
950
190
690
100
2750

主卧室挂衣柜D立面图

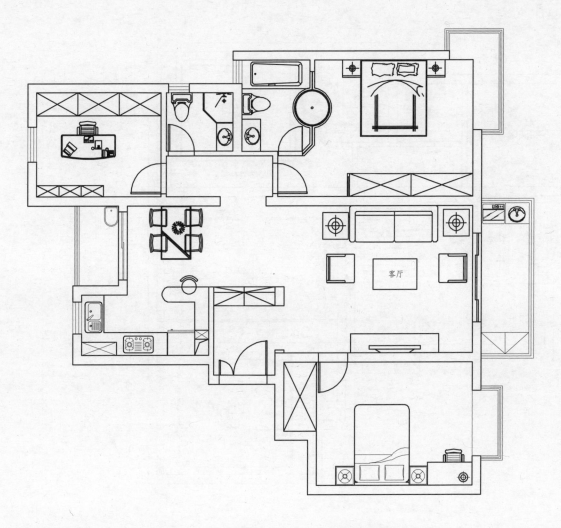

平面布置图

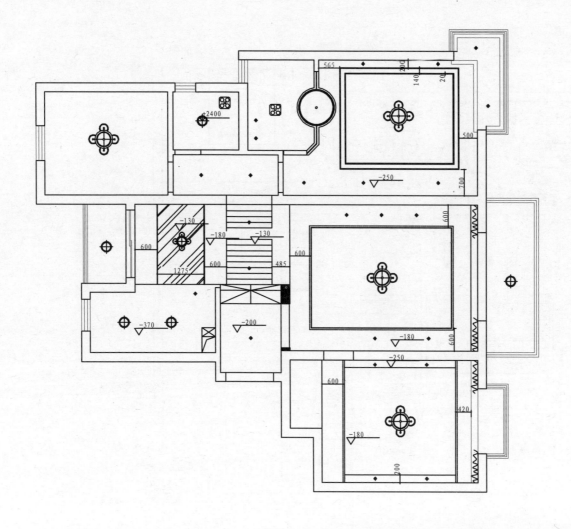

顶面布置图

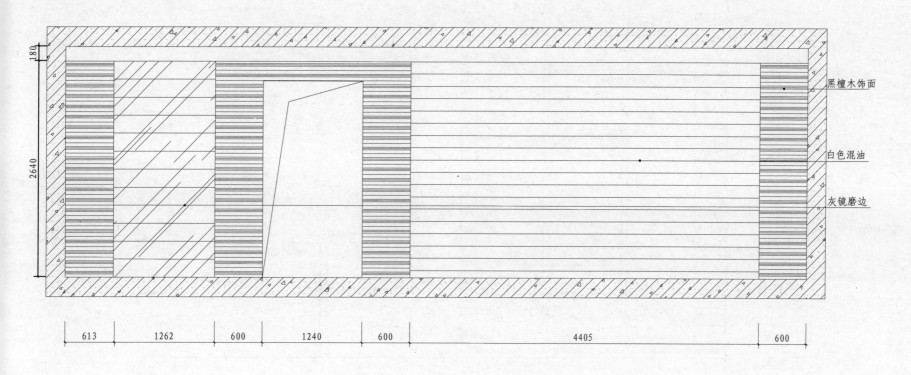

180

2640

613　1262　600　1240　600　4405　600

黑檀木饰面

白色混油

灰镜磨边

客厅沙发背景墙立面图

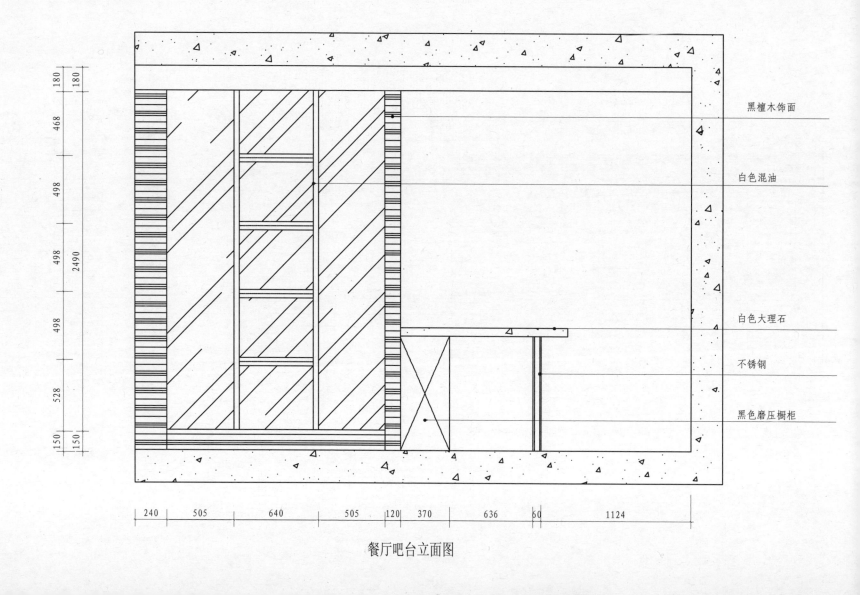

黑檀木饰面

白色混油

白色大理石

不锈钢

黑色磨压橱柜

180 180

468

498

498 2490

498

528

150 150

240　505　640　505　120　370　636　60　1124

餐厅吧台立面图

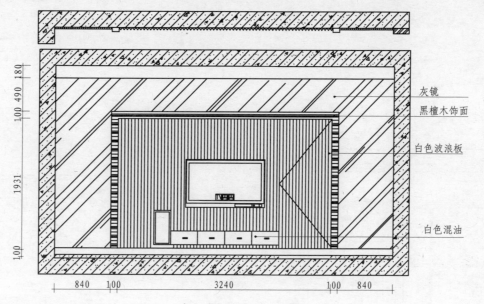

灰镜

黑檀木饰面

白色波浪板

白色混油

客厅电视背景墙立面图

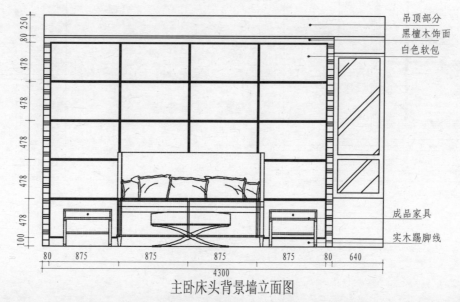

吊顶部分
黑檀木饰面

白色软包

成品家具

实木踢脚线

主卧床头背景墙立面图

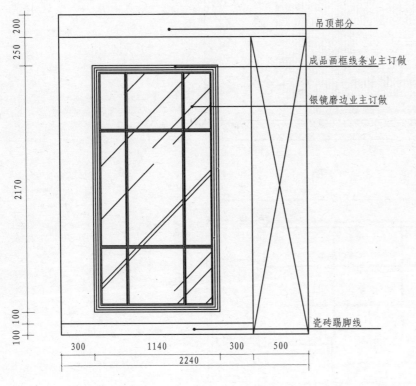

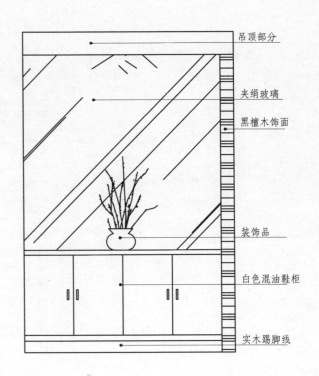

门厅立面图

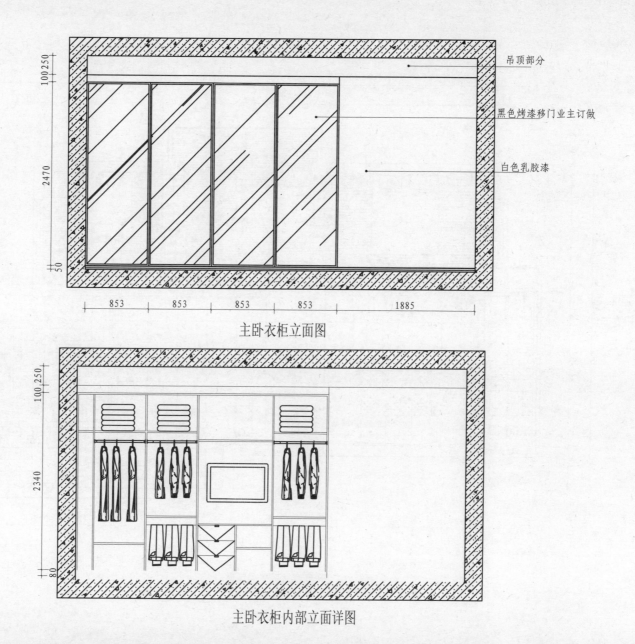

吊顶部分

黑色烤漆移门业主订做

白色乳胶漆

主卧衣柜立面图

主卧衣柜内部立面详图

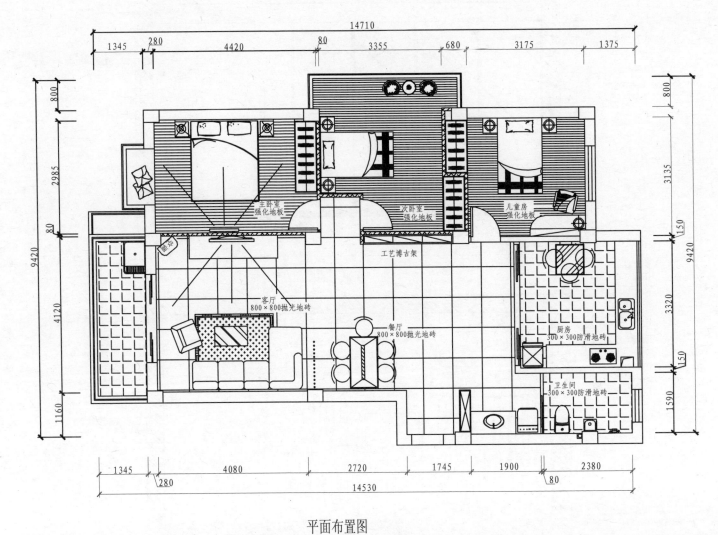

主卧室
强化地板

次卧室
强化地板

儿童房
强化地板

工艺博古架

客厅
800×800抛光地砖

餐厅
800×800抛光地砖

厨房
300×300防滑地砖

卫生间
300×300防滑地砖

平面布置图

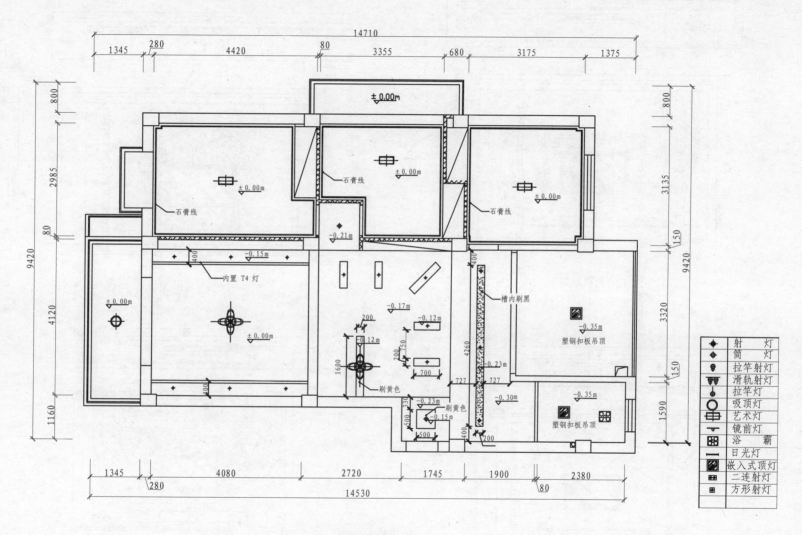

天花布置图

✦	射	灯
✛	筒	灯
☗	拉竿射灯	
☗	滑轨射灯	
☗	拉竿灯	
⊕	吸顶灯	
⬚	艺术灯	
▽	镜前灯	
⊞	浴	霸
▬	日光灯	
▨	嵌入式顶灯	
⊡	二连射灯	
⊡	方形射灯	

图中标注：
±0.00m
石膏线
±0.00m
石膏线
±0.00m
石膏线
−0.21m
−0.15m
内置 T4 灯
±0.00m
±0.00m
±0.00m
−0.17m
槽内刷黑
−0.12m
−0.35m
塑钢扣板吊顶
−0.12m
刷黄色
−0.23m
−0.23m
刷黄色
−0.15m
−0.30m
−0.35m
塑钢扣板吊顶

尺寸标注：
14710
1345　280　4420　80　3355　680　3175　1375
800　2985　80　4120　1160
9420
800　3135　150　3320　150　1590
9420
1345　280　4080　2720　1745　1900　2380　80
14530
400　400　200　200　1600　750　700　500　330　500　4260　727　727　400　200　150

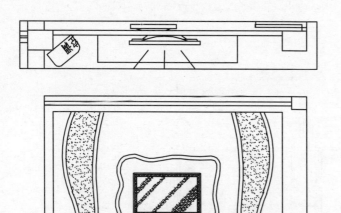

客厅电视背景墙立面图(一)

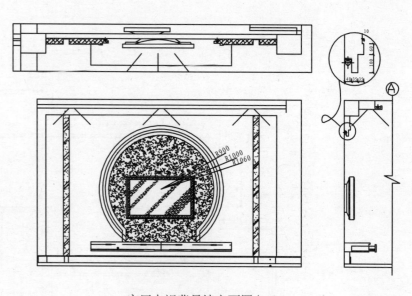

客厅电视背景墙立面图(二)

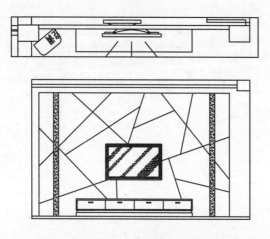

客厅电视背景墙立面图(三)

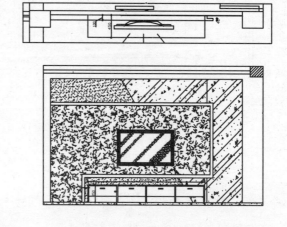

客厅电视背景墙立面图(四)

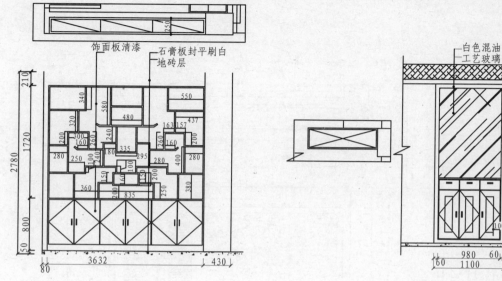

饰面板清漆　石膏板封平刷白
地砖层

白色混油
工艺玻璃

石膏板吊顶
卫生间墙砖

工艺博古架立面图

鞋柜立面图

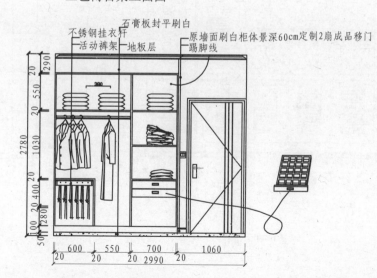

不锈钢挂衣杆　石膏板封平刷白
活动裤架　地板层
原墙面刷白柜体景深60cm定制2扇成品移门
踢脚线

柜体景深60cm定制2扇成品移门
原墙刷白
甲方订购成品柜

不锈钢挂衣杆
活动裤架

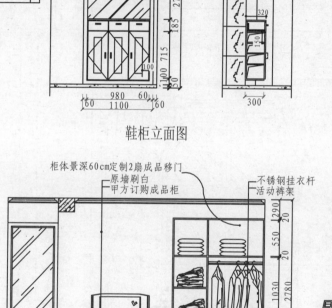

主卧室挂衣柜立面图

次卧室挂衣柜立面图

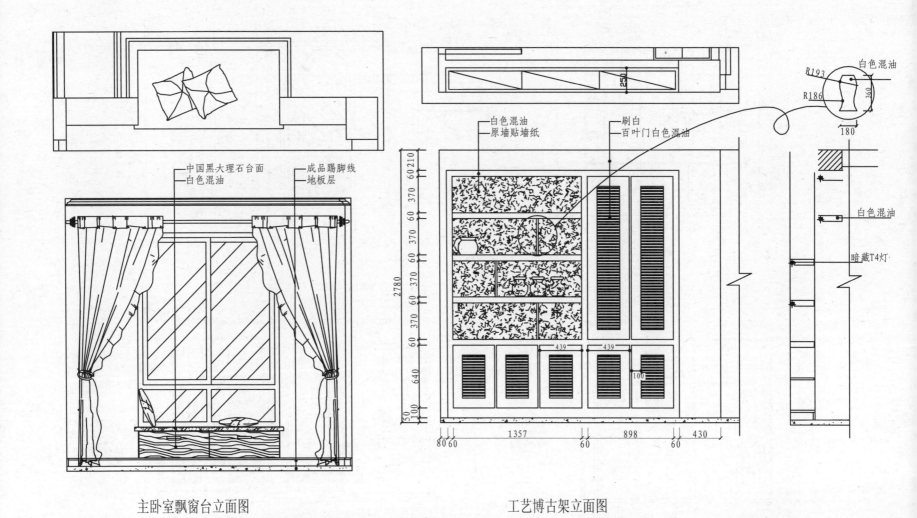

中国黑大理石台面
白色混油
成品踢脚线
地板层

白色混油
原墙贴墙纸
刷白
百叶门白色混油

白色混油
暗藏T4灯

主卧室飘窗台立面图　　　　　　工艺博古架立面图

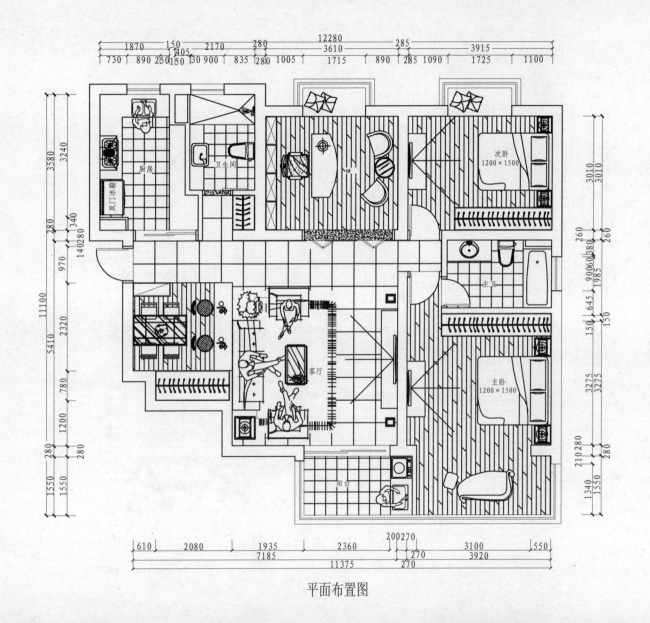

平面布置图

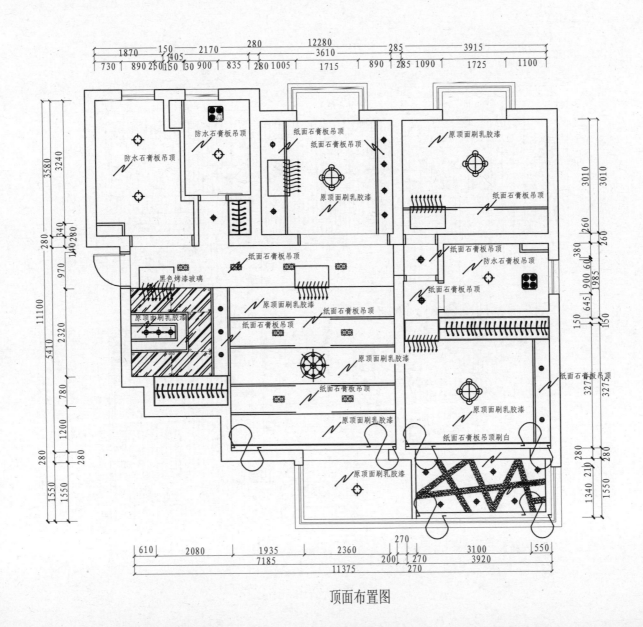

顶面布置图

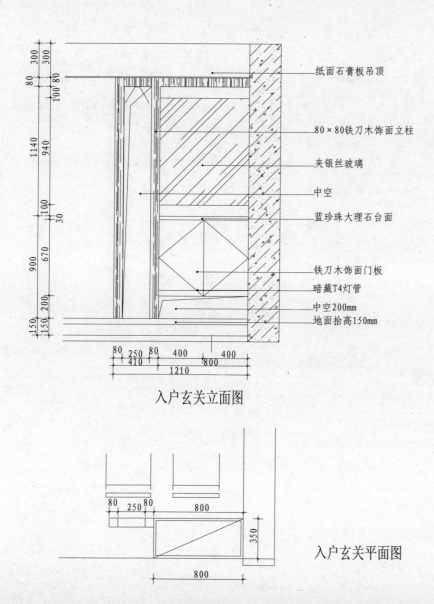

纸面石膏板吊顶

80×80铁刀木饰面立柱

夹银丝玻璃

中空

蓝珍珠大理石台面

铁刀木饰面门板

暗藏T4灯管

中空200mm

地面抬高150mm

入户玄关立面图

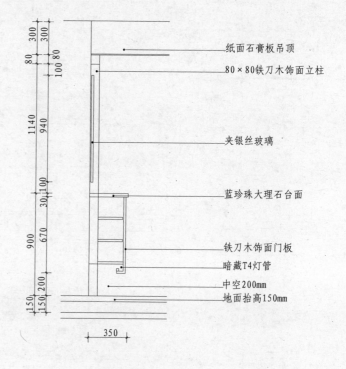

纸面石膏板吊顶

80×80铁刀木饰面立柱

夹银丝玻璃

蓝珍珠大理石台面

铁刀木饰面门板

暗藏T4灯管

中空200mm

地面抬高150mm

A剖面图

入户玄关平面图

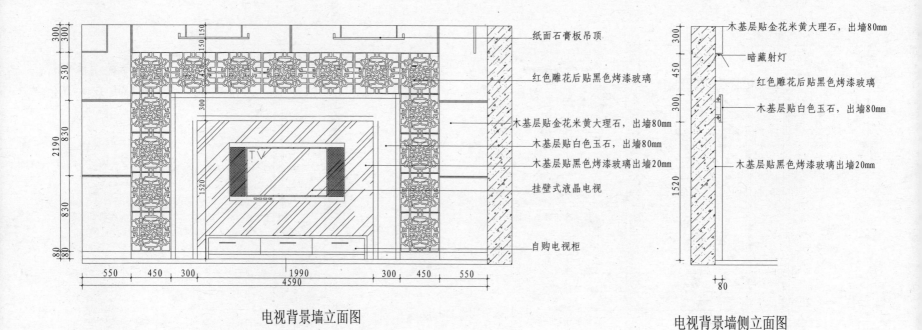

纸面石膏板吊顶

红色雕花后贴黑色烤漆玻璃

木基层贴金花米黄大理石，出墙80mm
木基层贴白色玉石，出墙80mm
木基层贴黑色烤漆玻璃出墙20mm

挂壁式液晶电视

自购电视柜

木基层贴金花米黄大理石，出墙80mm

暗藏射灯

红色雕花后贴黑色烤漆玻璃

木基层贴白色玉石，出墙80mm

木基层贴黑色烤漆玻璃出墙20mm

电视背景墙立面图

电视背景墙侧立面图

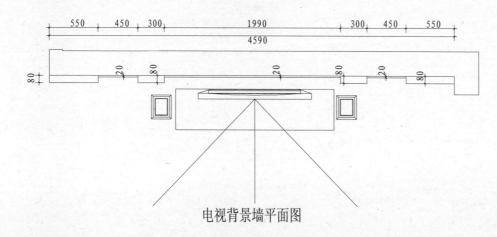

电视背景墙平面图

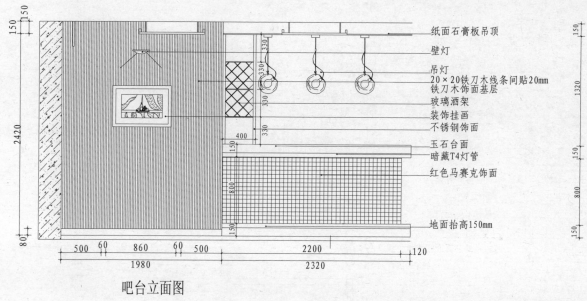

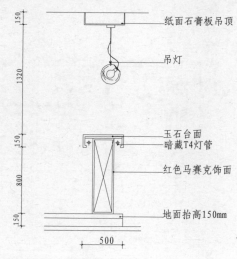

纸面石膏板吊顶

壁灯

吊灯

20×20铁刀木线条间贴20mm

铁刀木饰面基层

玻璃酒架

装饰挂画

不锈钢饰面

玉石台面

暗藏T4灯管

红色马赛克饰面

地面抬高150mm

纸面石膏板吊顶

吊灯

玉石台面

暗藏T4灯管

红色马赛克饰面

地面抬高150mm

吧台立面图

吧台侧立面图

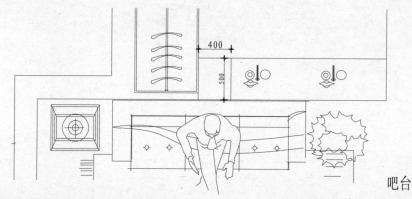

吧台平面图

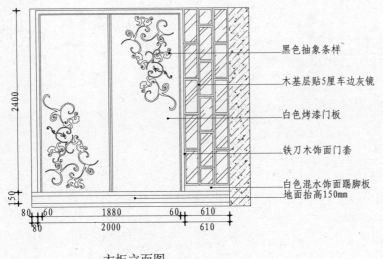

黑色抽象条样

木基层贴5厘车边灰镜

白色烤漆门板

铁刀木饰面门套

白色混水饰面踢脚板
地面抬高150mm

衣柜立面图

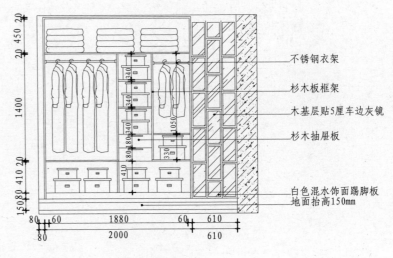

不锈钢衣架

杉木板框架

木基层贴5厘车边灰镜

杉木抽屉板

白色混水饰面踢脚板
地面抬高150mm

衣柜立面详图

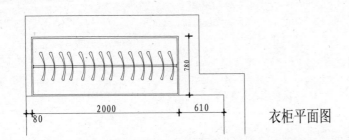

衣柜平面图

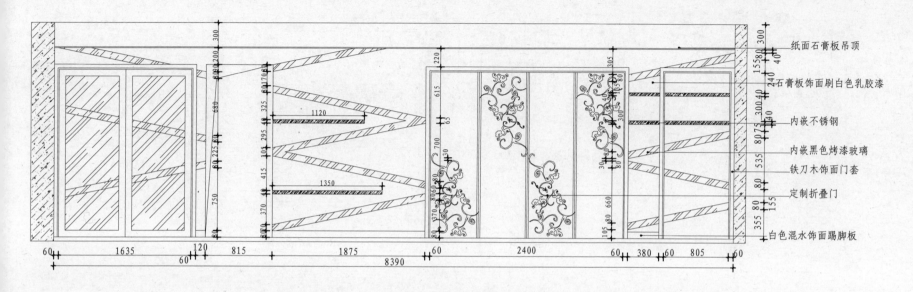

纸面石膏板吊顶

石膏板饰面刷白色乳胶漆

内嵌不锈钢

内嵌黑色烤漆玻璃

铁刀木饰面门套

定制折叠门

白色混水饰面踢脚板

衣柜、隐形门立面图

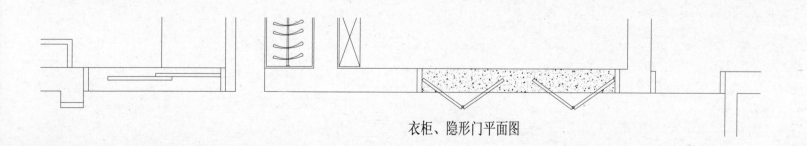

衣柜、隐形门平面图

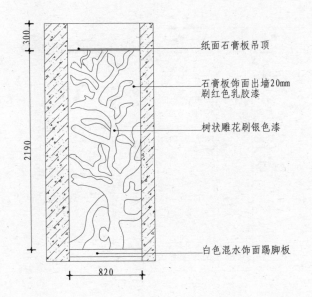

纸面石膏板吊顶

石膏板饰面出墙20mm
刷红色乳胶漆

树状雕花刷银色漆

白色混水饰面踢脚板

玄关立面图

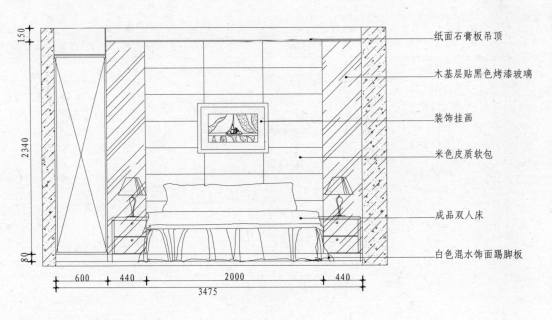

纸面石膏板吊顶

木基层贴黑色烤漆玻璃

装饰挂画

米色皮质软包

成品双人床

白色混水饰面踢脚板

卧室背景墙立面图

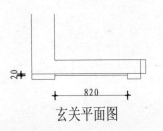

玄关平面图

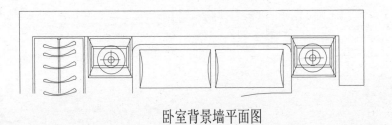

卧室背景墙平面图

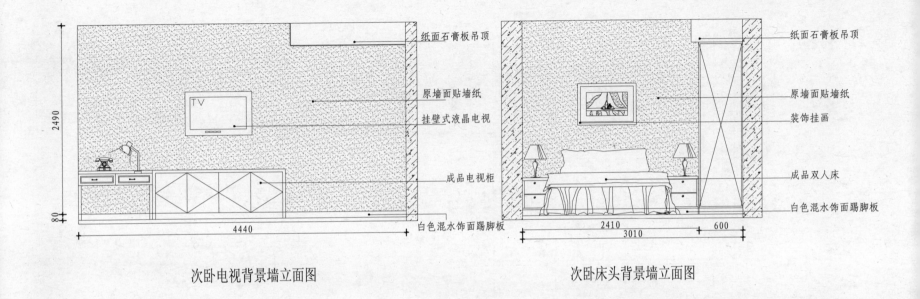

次卧电视背景墙立面图　　　　　　　　　　　　　　次卧床头背景墙立面图

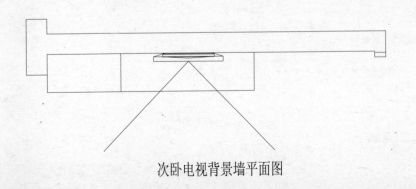

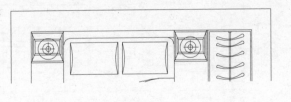

次卧电视背景墙平面图　　　　　　　　　　　　　次卧床头背景墙立面图

图中标注文字：

纸面石膏板吊顶
原墙面贴墙纸
挂壁式液晶电视
成品电视柜
白色混水饰面踢脚板

纸面石膏板吊顶
原墙面贴墙纸
装饰挂画
成品双人床
白色混水饰面踢脚板

2490
80
4440

2410
3010
600

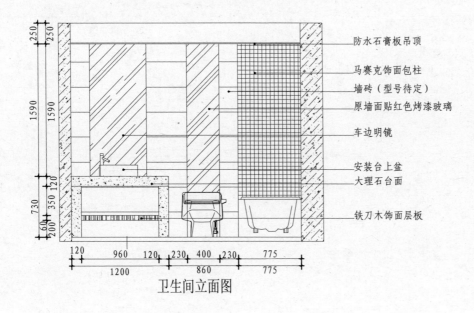

防水石膏板吊顶

马赛克饰面包柱

墙砖（型号待定）

原墙面贴红色烤漆玻璃

车边明镜

安装台上盆

大理石台面

铁刀木饰面层板

卫生间立面图

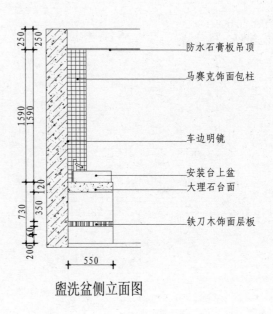

防水石膏板吊顶

马赛克饰面包柱

车边明镜

安装台上盆

大理石台面

铁刀木饰面层板

盥洗盆侧立面图

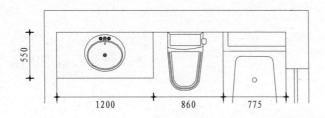

卫生间平面图

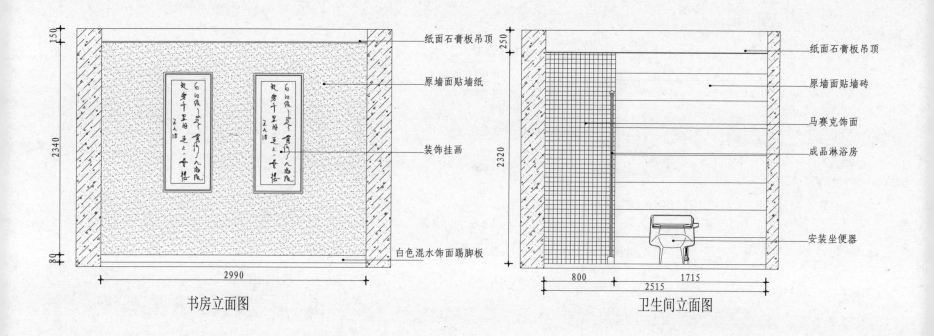

纸面石膏板吊顶

原墙面贴墙纸

装饰挂画

白色混水饰面踢脚板

书房立面图

纸面石膏板吊顶

原墙面贴墙砖

马赛克饰面

成品淋浴房

安装坐便器

卫生间立面图

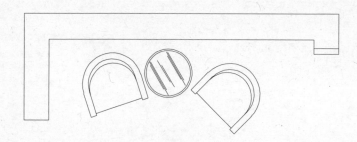

书房平面图

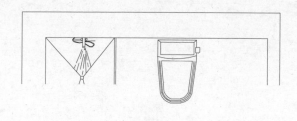

卫生间平面图

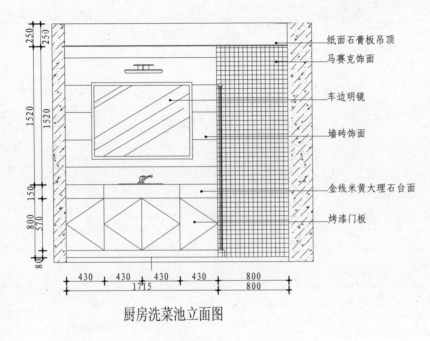

厨房洗菜池立面图

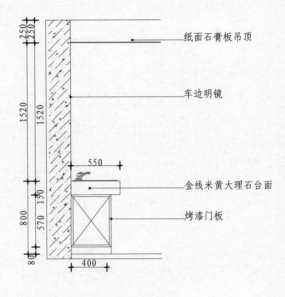

厨房洗菜池侧立面图

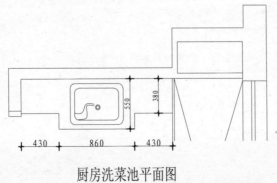

厨房洗菜池平面图

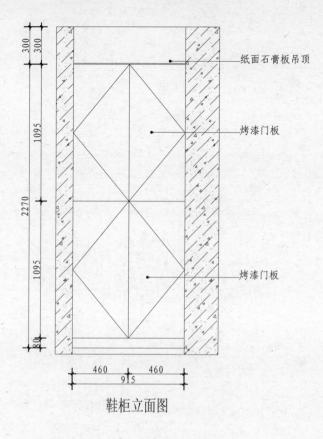

纸面石膏板吊顶

烤漆门板

烤漆门板

300

1095

2270

1095

80

460　460
915

鞋柜立面图

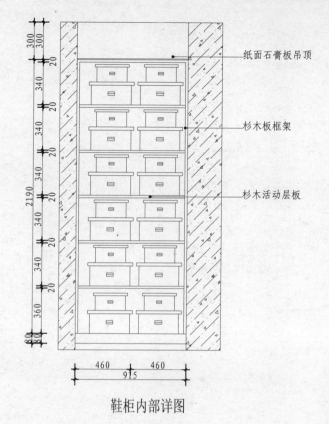

纸面石膏板吊顶

杉木板框架

杉木活动层板

300

340

340

340

2190

340

340

360

80

460　460
915

鞋柜内部详图

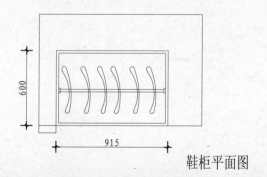

600

915

鞋柜平面图

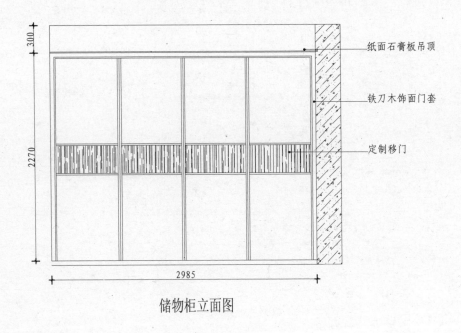

纸面石膏板吊顶

铁刀木饰面门套

定制移门

2270

300

2985

储物柜立面图

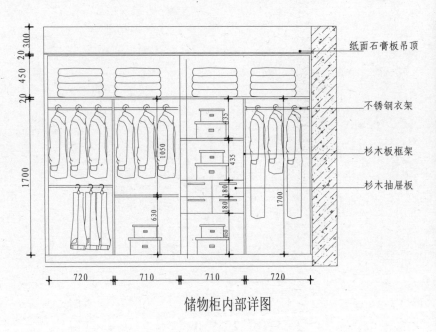

纸面石膏板吊顶

不锈钢衣架

杉木板框架

杉木抽屉板

300
20
450
20
1700

1050
435
435
630
180 180
1700

720　710　710　720

储物柜内部详图

600

2985

储物柜平面图